# 智联网·新思维

## “智能+”时代的思维大爆发

彭 昭 著

電子工業出版社
Publishing House of Electronics Industry
北京·BEIJING

## 内容简介

作为智能时代的必读书，本书系统地梳理和分析了智联网的最新思维模式。

随着科学技术的持续发展，人类有机会以前所未有的角度认知物理世界、改造物理世界。这种对物理世界的新认知与新改造首先是建立在对技术、金融、企业内部组织、整个商业模式的重新思考与革新的基础之上的。因此本书分为两大部分：第一部分“智联网思维的深入解读”，整体介绍了智联网思维有哪些底层逻辑，以及如何运用到产品和企业；第二部分“智联网思维演化的商业模式”，是智联网思维运作的高级实践，分享了来自不同行业、不同企业的具体应用案例。

本书深入浅出、实例丰富，非常适合智能时代的从业者、创业者、科研人员和科技爱好者阅读。



**图书在版编目（CIP）数据**

智联网·新思维：“智能+”时代的思维大爆发 / 彭昭著 . —北京：电子工业出版社，2019.7

ISBN 978-7-121-37022-9

Ⅰ. ①智… Ⅱ. ①彭… Ⅲ. ①互联网络－应用 ②智能技术－应用
Ⅳ. ① TP393.4 ② TP18

中国版本图书馆 CIP 数据核字（2019）第 138051 号

策划编辑：李　洁
责任编辑：李　洁　　文字编辑：孙丽明
印　　刷：天津画中画印刷有限公司
装　　订：天津画中画印刷有限公司
出版发行：电子工业出版社
　　　　　北京市海淀区万寿路173信箱　邮编：100036
开　　本：720×1000　1/16　印张：15　字数：204千字
版　　次：2019年7月第1版
印　　次：2019年7月第1次印刷
定　　价：65.00元

凡所购买电子工业出版社图书有缺损问题，请向购买书店调换。若书店售缺，请与本社发行部联系，联系及邮购电话：（010）88254888，88258888。

质量投诉请发邮件至zlts@phei.com.cn，盗版侵权举报请发邮件至dbqq@phei.com.cn。

本书咨询联系方式：lijie@phei.com.cn。

谨以此书献给造就我的两组家人

生活中的挚爱之家，爸爸、妈妈和昕睿
工作中的挚爱之家，小飞、苏静、宛儿与众小伙伴

# 序　一

## 智联网与创造新一代智能价值的思维

物联网是物与物的相互连接，改变着物的商业管理模式；工业互联网是数字化系统的相互连接，改变着产业生态模式。而智联网是智能系统的相互连接，将改变未来对不可见世界的知识建模与创新。

新一代工业智能技术在近几年取得快速发展和应用，主要受益于以下四个要素：

- 人、机、物互联使数据量呈现爆炸式增长，形成了真正的大数据环境；
- 云计算、边缘计算和专有芯片技术的加速演进，实现了计算能力的大幅提升；
- 人工智能与机器学习领域的技术突破，带动了算法模型的持续优化；
- 资本与技术的深度耦合，助推了行业应用和技术产业化的快速崛起。

在数据、运算能力、算法模型、多元应用的共同驱动下，智能互联网的应用范围逐渐从执行特定工作的“狭义”物联网，向可以胜任应用场景的开放的“广义”智能工业互联网或智联网演进。

彭昭是一位很有数字化创新思想的专家，富有激情，在智联网领域不断拓展新的思维。作者的上一本书《智联网：未来的未来》中阐述了智联网的发展趋势，物体和物体之间的连接只是基础，如何实现物体之间的智能连接和演进才是未来，而这本新书更多地表述的是智联网的底层思维以及智联网带来的新的商业模式。

这本书指出，智联网是建立在互联网、大数据、人工智能、物联网等基础之上，是智能时代的重要载体和思维方式，是实现人与人、人与物、物与物之间的大规模社会化协作模式的基础。

每一种新事物的产生都将带来新的变革和新的商业形态，几乎每隔一段时间就会产生一个热点，在喧嚣过后哪些是过眼云烟的投机，哪些是实实在在的趋势，本书梳理出了一条很清晰的推演路径。面对变化只有转变我们的思维方式才能更好地适应时代，从被动式接受走向主控式创新。通过本书介绍的广泛的智联网技术与实践模式，读者可快速地了解智联网的发展趋势与机会。本书是一本实用性较高的知识性著作。

李杰，美国智能维护系统中心（IMS）与
工业人工智能中心创始主任
2019年5月

# 序　二

## 期待智联网产业链的形成

智联网是当今世界即将发生的大规模科技革新与范式转移。早年个人计算机及因特网带来第一波PC联网数字革命，接着移动互联网与APP带来了第二波“互联网+”数字革命，据预测将发生的第三波数字革命就是智联网。智联网将在万物联网、5G、云计算、AI人工智能的新兴科技浪潮推动下，驱动所有传统产业同时进行数字化转型（Digital Transformation）。众所周知的“互联网+”将由B2C全面延伸到B2B，将带来巨大的影响及价值，并形成新产业及大商机。作为工控产业研华科技企业的管理者，可以亲身体验这股大潮流的进化过程，我感到十分欣喜。

物联网智库创始人彭昭女士在她2018年出版的《智联网：未来的未来》一书中即已详细阐述了智联网的趋势及相关技术，并预测这个新兴产业即将高速成长。2018年该书一出版，研华科技主要干部随即发起了内部读书会，之后大量购买该书赠与重要客户分享阅读。该书使我们对所规划且全力耕耘的物联网新产业有了更全面、更深刻的理解与感悟。过去一年来，研华科技致力于完善并推广我们的WISE-PaaS工业边缘智能平台，许多重要决策均借助于该书的观点。

2019年是智联网在各个工业领域进行试验落地的关键时期。虽然市场反应相当热烈，客户也有较高的接受意愿，但要完善智联网在工业领域的解决方案仍有诸多障碍，最主要的问题是产业链尚不健全。例如，研华的产业链定位是智联网软硬件平台供货商，需要经过行业专属集成商（Domain Focused Solution Integrator）来提供行业现场的落地实施方案。而智联网行业集成商目前为数不多且规模较小。此外，市场上必要的软硬模块之间的互操作性仍待解决，这些都是当今供应链需要解决的问题。

彭昭女士的这本新书《智联网·新思维》的及时出版可以用来面对并梳理当下的问题。本书详尽地剖析了智联网的产业生态，以及期待可能出现的新商业模式，从而勾勒出未来智联世界的愿景。我认为此书对智联网相关产业奋斗中的各界人士具有一定的引导作用。

本书提出的万亿级市场及螺旋式增长有可能在不久的未来出现。本人预测中国将在智联网领域成为世界领先者，这是因为国内形成产业链的效率——在巨大市场的吸引下，以及众多投资方的驱动下，得以快速进化从而领先世界。作为智联网的重要平台企业，我衷心期盼这个时刻能尽快到来。

刘克振　研华科技董事长

2019年5月

# 序　三

## 从互联网思维走向智联网思维

十几年来，越来越多的人意识到，互联网在改变我们生活的同时，还逐渐形成了一组全新的思维方法，互联网思维从噱头变成了共识。虽然各方对互联网思维的具体解读不尽相同，但从业者都认同的是，必须采用更加开放、平等、协作的思维模式来看待我们的新世界。

在彭昭女士的上一本《智联网：未来的未来》中，向我们展示了一个美好的智联网时代——以传统互联网、大数据、人工智能和物联网等技术和领域为基础，智联网是具备智能的连接万事万物的互联网，是一系列快速发展的产业聚合体。这本《智联网·新思维》则是“智联网”概念的延续，与我们一起探索在这样一个新时代，可能出现的新模式，必须适应的新环境，以及需要建立的新思维。

互联网和移动互联网主要面向个人客户，物联网和智联网则是面向万物互联的世界，相对先进的互联网思维不足以适应智联网时代，我们的思维模式需要进一步升级。

首先，是智联网的构建模式。实体行业的建设与发展，通常都是规划先行，先把完整的框架搭起来，然后再按照计划一步步推进；而互联网的建设是在试错中前行的，智联网的建设也大抵如此，计划要尽量跟上变化才能不被淘汰。另一方面，互联网的成长是快跑，靠速度和流量取胜，“一窝蜂”试错的方式不适合智联网。实体企业的理性会控制冲动，不会轻易被说服和引导，像穿越戈壁大漠的驼队，做好充分的准备后才会出发，稳扎稳打。智联网的发展像本书中所表述的：以数字孪生为底层逻辑，以CPS为基本框架，云边端协同迭代，像拼图一样，一块块碎片组合在一起，智联网慢慢呈现在我们面前。

其次，是智联网的经营模式。与单纯的技术升级不同，智联网需要配套的商业模式和产业生态。一方面，互联网时代，企业的崛起是为用户提供良好的体验，其中包括对用户的免费服务，而企业的主要收入来源是广告，主要资金来源是资本市场；智联网时代的实体企业则不可能以免费方式为其客户提供服务。另一方面，产业生态的巨变也给智联网的发展带来很大的挑战。互联网推动着企业进行产业重组，产业形态即将从传统的价值链转为复杂而灵活的价值网络，并以此为基础形成全新的产业生态。网络化的产业形态如何呈现商业价值，如何实现利益分配，这些问题都需要智联网时代的企业通过创新来解决。

最后，是智联网的组织模式。传统实体企业往往采用的是金字塔型组织，信息传递模式和授权管理是逐级向上再逐级下达，其优势是稳定、可靠，但不够灵活，也不够高效，未来不仅难以应对市场和业务的快速发展和快速变化，甚至连正常的产品升级迭代都无暇顾及。智联网时代，是智能化的产品组合成为智能化的网络，因此企业必须是智能化的组织，用本书的话来说，就是构建新的“智力形态”。具体的表现就是：虽然核心的“智力”部署在中央，但边缘末梢不仅是收集信息的节点和执行的终点，同时也具备快速反应和智能化运作的能力。毫无疑问，率先建立起这种新型的组织方式的企业，会在未来的竞争中崭露头角。

当然，智联网思维不仅仅是我上面说的这几点，还有很多在探索中逐渐被发现和总结的规律，以及具有时代特点的新问题。如果您也认同互联网时代之后智联网时代必将到来，那就沿着这本书中彭昭女士指引的路径，我们一起研究智联网时代的共性思维特征，如何适应未来。

宁宇　华为软件首席战略专家

# 目 录

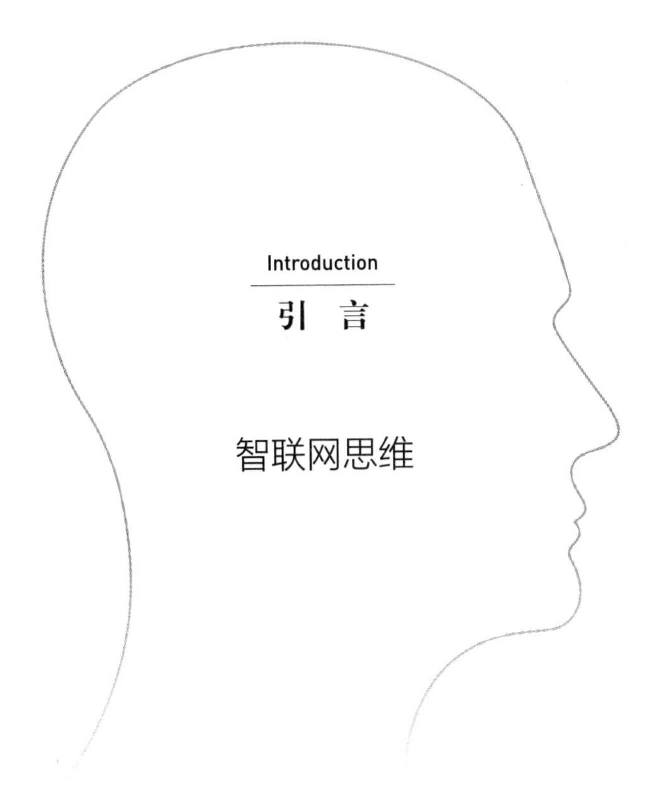

Introduction

# 引　言

## 智联网思维

无论你身处地球的哪个位置，在空间上，你我可能遥不可及，但在时间上，你我都同样经历着智能时代的一段故事。这个故事即将上演一段重要剧情：互联网在过去的二三十年取得了飞速的发展，随着线上与线下融合的不断深入，线上线下的边界日渐模糊，业界普遍认为，互联网发展的上半场已近尾声。转瞬间，互联网、云计算、大数据和人工智能等纷纷进入下半场，未来可以预测，却不可笃定。但实现万物智联的"智联网"必然是它们旅途中最重要的"驿站"。

就如同工业革命（一般特指第一次工业革命）引起的重大社会变革一样，思维大爆炸的智联网也必然会引起一场深刻的大变革。

工业革命始于18世纪，发源于英格兰，后扩展至欧洲各国，19世纪传至北美。随着蒸汽机的发明与改良，各种取代人力的机器设备陆续被发明出来，大规模工业生产由此产生，近代城市化由此起步。工业革命的影响涉及人类社会生活的方方面面，使人类社会发生了巨大的变革。由工业革命促进了社会分工与合作，大规模提高了社会生产力，彻底改变了社会的生产关系。这种生产力与生产关系的变革，与当今的"万物互联"何其相似?

提到智联网，很多人首先会想到物联网。关于物联网（Internet of Things，IoT），你一定不会陌生，这一概念最早于1999年由美国麻省理工学院的Kevin Ashton提出。至今已过去了整整20年。预计到2035年，全球将有超过1万亿个物联网器件。你或许会问，有了互联网、物联网、云计算、大数据、人工智能，为什么还需要智联网？因为智联网本质上与“工业革命”类似，是一次社会变革的统称。无论是人工智能，还是云计算，乃至物联网、大数据，归根结底都显示着人类开始进入以数字经济为核心的数据时代，预示着整个新的智能时代的到来，即智联网时代。

## 什么是智联网思维

让我们从智联网开始诠释。

在我的上一本书《智联网：未来的未来》中详细论述了智联网的发展趋势，即物体和物体之间的连接只是基础，如何实现物体之间的智能连接和演进才是未来。

互联网实现“人的信息”的数字化和相互连接，改变了人与人的互动方式，而智联网实现“物的信息”的数字化和相互连接，从而将整个物理世界映射到数字世界，改变人与物理世界的互动方式。因此，只有步入智联网阶段才能宣告智能时代的全面来临。通俗来讲，互联网连接的是“人与人”，智联网连接的是“人与物”“物与物”等。所以，智联网的定义可以诠释如下：

智联网是建立在互联网、大数据、人工智能、物联网等基础之上，是具备智能的连接万事万物的互联网，是智能时代的重要载体和思维方式。智联网通过将物理世界抽象到虚拟世界，并借此建立完整的数字世界，构筑新型的生产关系。智联网将改变旧有思维模式，从而实现人与人、人与物、物与物之间的大规模社会化协作。

智联网思维是互联网思维的拓展与延伸。在科技不断向前发展的背景下，互联网思维引导我们对市场、用户、产品、企业价值链乃至对整个商业生态，进行重新审视和思考。智联网是具备智能连接万事万物的互联网，它将互联网的影响力从营销、渠道和电商，带入产品的整个生命周期之中、设备与设备之间、实体经济与互联网企业之间、生产线与消费者之间。因此可以说，智联网带来的变革将比互联网更加深远。智联网在思维层面引发的变革，也将比互联网更为深入。

只有转变我们的思维方式才能更好地适应时代的变化。思维方式转变的当务之急是读懂智联网带来的新型思维模式。这种新型思维模式的定义是：

*随着科技的持续发展，人类有机会以前所未有的角度认知、改造物理世界，但这种对物理世界的新认知、新改造，首先是建立在对技术、金融、企业内部组织、整个商业模式的重新思考与革新的基础之上的。只有将企业内部组织和商业模式的升级改造提升到新的台阶，促进金融与科技的进一步融合，物理世界的改造才会自然而然地发生。这种推进技术演进、企业变革和商业迭代的由内至外的全新思维模式，即智联网思维。*

科技的进步正在朝向两级发展：纵向持续加深与横向广泛扩展。一方面，科技的各个领域之间的专业程度加深，以期对各种不确定性进行即时反馈；另一方面，科学领域与更多领域的交集越来越大，共性的思考方式越来越普遍。

不同领域的结构与思维方式具有相似性，各种行为的原理具有一致性，虽然各种承载它们的实体在本质上有很大区别。科技的进步、企业组织的发展以及商业模式的演进，不应被看作孤立的因果链现象，它们之间具有极大的相关性和一致性。智联网在其中是一种思维的体现，对于推动技术的发展，以及商业模式的演进，起到潜移默化的作用。

总之，智联网思维将是在互联网思维之上的一次迭代和探索，它让我们有机会从前所未有的角度认知、改造物理世界，从而引发实体经济的革新。

## 为什么诞生智联网思维

首先，当今社会的快速发展使我们进入了智联网时代。

数据统计，2005年，全世界大约有5亿台连接互联网的设备。而在10年之后的2015年，连接互联网的设备已经达了大约120亿台。等到2020年，这一数字将会变成500亿台，再过不久更会突破万亿台大关[①]。所以，在通往智联网的道路上，我们才刚刚走过1%而已。

除了科技的增长，公司的发展速度也呈现指数型的增长趋势。作为一枚硬币的两面，快速发展，往往伴随着快速消亡。出现这种情况，并非一定是因为公司在经营中出现了问题，也有可能是因为产业变化太快，公司的转型速度已经跟不上产业的变化速度。2011年，巴布森商学院做出预测，在现有的《财富》500强公司中，有 40% 都将在10年之内消亡。耶鲁大学的理查德·福斯特（Richard Foster）则估计，标准普尔指数中的500家上市公司的平均寿命已从20世纪20年代的67年缩短到了如今的15年。

对于《财富》500强公司来说，发展速度和上市时间也呈现出指数型的增长趋势。YouTube最早是一家资金全部来自查德·赫利（Chad Hurley）个人信用卡的创业公司，但仅仅过了18个月就被谷歌以14亿美元的价格收购。Groupon在不到两年的时间里就从0摇身变成了价值60亿美元的公司。截至2019年3月，Uber的估值已超过了1200亿美元，而在2017年，这个数字只有目前的1/10。我们看到的是一批新时代的组织，它们正以商业世界中前所未有的速度不断扩张并产生价值，一些公司市值达10亿美元所用的时间见图0–1。

① 中国网络空间研究院,《世界互联网发展报告2017》。

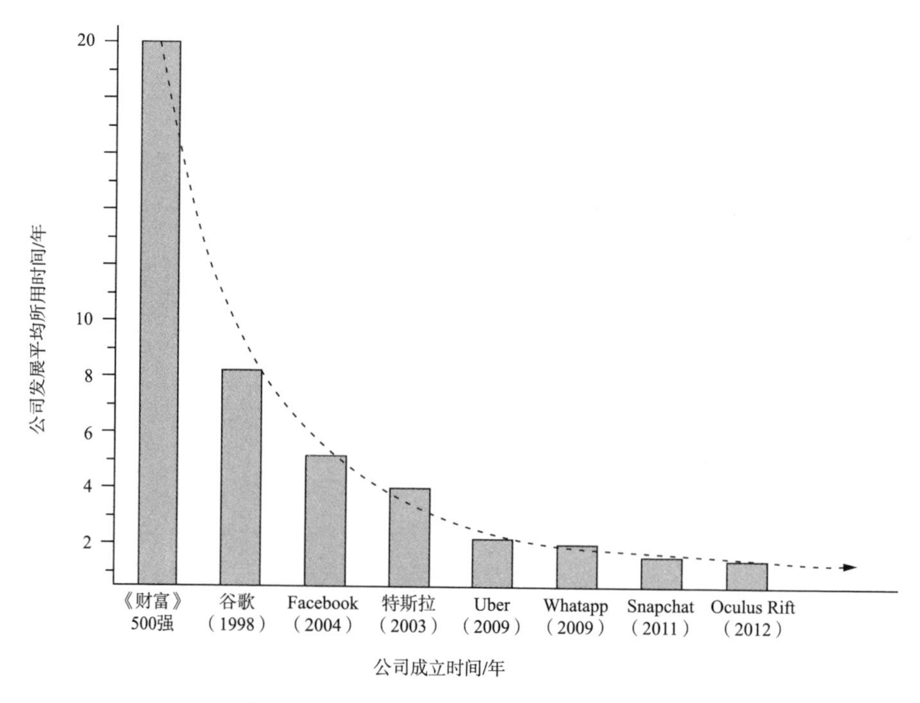


图 0-1　一些公司市值达 10 亿美元所用的时间

除了发展速度，企业的市值规模和盈利模式也正在发生根本性变化。2013年，艾琳·李在TechCrunch上发表文章描述了过去10年内，所有市值超过10亿美元的美国软件创业公司，并称之为“独角兽”。从盈利模式上来看，过去基于稀缺的经济模式已经不再成立，我们需要从过剩的大背景中创造局部稀缺性，或者提升服务化的深度，从而创造价值。

其次，在智联网的推进过程中，有3个关键步骤——全面连接、语言互通和机器智能，促使智联网思维逐步产生。

在过去的100多年中，人们在通信领域构建了多种连接和网络协议，涵盖有线与无线、局域与广域、IPv6等新技术，让各种物理世界中的智能设备可以实现在数据和信息层面上的互联互通。这是实现智联网的基础。

智联网由多种元件、设备、系统，乃至系统的系统构成。以农业智联网为例（见图0-2），其中不仅包括拖拉机、微耕机和播种机等农业基础设备构成的农机系统，还包括气象数据、农业灌溉、种子优化等一系列相关系统。行业的发展从单一产品功能转向整体系统的功能，不同的产品系统和外部信息持续组合和互动，相互协调从而进行整体优化。

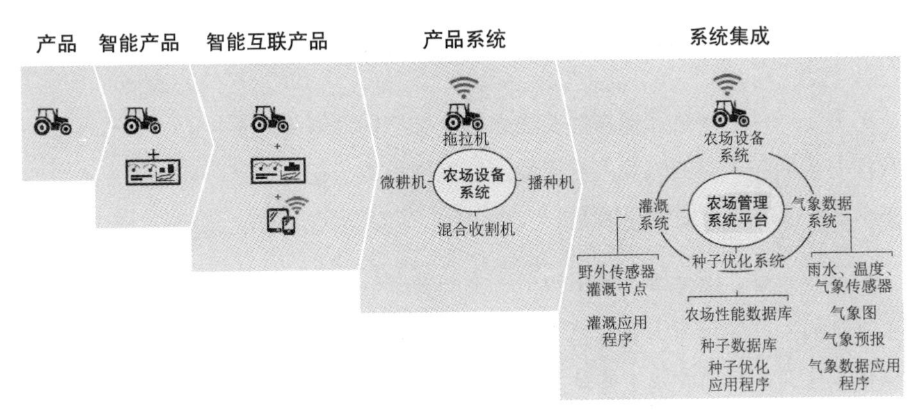


图0-2　从智能互联产品到智能互联系统

给每一个物体赋予一个IP地址，让它可以连接到互联网还不足够。也就是说，智联网不能只关注“联网”，而更应该关注“联网”之后，怎样在不同事物之间进行数据传递，怎样利用数据进行推理，并将所有物体看成一个基于数据流的整体的知识网络，这才是问题的核心所在。因此即便在智联网中，每个物体都拥有IP，可以互相连接，但更需要进行语言语义层面的互联互通，让物与物之间的交流更顺畅和彻底。

语言是人类智能与文明的载体，人类利用语言将物理世界符号化，让人类重新认识世界，并从根本上带来了人类发展的跃迁。过去将近半个世纪以来，互联网数字化了由人类语言承载的知识，为整个世界创造了数万亿美元的财富。而在智联网时代，物与物之间的交流同样需要语言，需要利用智联网的语言重新定义和描述物理世界，从城市的生产生活以及生态环境中获取数据新能源。

在物物互相连接的基础上，智能设备在知识层面上正在实现"语言"互通，建立在语言语义层面的连接。如今，智联网的各种硬件之间往往是你讲你的，我讲我的，彼此之间难以交流。不仅如此，智联网的各种硬件，就算是同一种数据，也有很多种通信格式，就如同秦始皇统一中国之前"书不同文、车不同轨"的混乱时代。秦始皇在统一六国后，就命李斯等人进行文字的整理、统一工作，为中华文化能够绵延至今做出了突出贡献。在智联网领域，各个推进智能化的公司就如同秦朝的李斯，促进了硬件和数据之间的互联互通。

有了网络、连接和语言的互通之后，智联网还需要具备智能。机器具备的智能有可能与人类的智能大相径庭。智联网承载了智力的第二种起源（本书的第1章中会进行详细的介绍）。

在信息界，人类最早希望模拟人脑的思考方式来设计电脑，但是最终计算机硬件的设计结构与人类大脑有着很大的差异。人的大脑中，运算、控制和存储是一体化的，而在冯·诺依曼（计算机之父）的计算机体系结构中则必须把运算、存储与控制分开进行。

后来人们通过多次实践验证，很多事物并不是沿着人类的进化途径发展的。例如，在飞机的研制过程中就跳出人类思维的条条框框，改为从根本性原理的角度进行推演。最终飞机没有像鸟儿一样通过翅膀飞翔，而是根据空气动力学原理，试验出了一种适合机器的最佳飞翔模式。同样的道理，汽车并没有像人一样通过双腿奔跑，打败李世石的AlphaGo并没有像人类棋手那样思考围棋棋局。正是这种思维模式的转变，才使得人类社会发生一次次的变革。

同样，智联网时代的机器智能不一定遵从人类的思维模式，不一定是"类脑智能"或者"人类智能"。基于全面连接、语言互通和机器智能，通过由计算、数据和物理实体组成的智联网基础设施网络，人们可以用技术改善生活环境。在智联网的思想框架下，会形成消费智联网、工业智联网、农业智联网、城市智联网、能源智联网等多种体系，并由它们的组合或整体，推进物理世界中的大规模社会化协作。智联网将引发数量庞大的新商机，在这个过程中必然需要导入全新的思维模式。智联网带给我们的变革并不仅限于技术层面，而且将深刻影响企业组织结构，触发商业模式的革新，从而促使“智联网思维”诞生。

## 案例：微软“逆袭”的秘密武器

除了微软，世界上还没有哪一家企业在时隔10年之后，能再次重回世界第一阵营。在某种程度上可以认为微软“逆袭”的最大功臣就是智联网思维。典型智联网思维包含与产品相关的解耦思维、联网思维，与组织相关的边缘思维和杠杆思维（具体解读详见第3、4章）。

莎士比亚说，只有经历了巨浪狂风才能找到财富。比尔·盖茨之后的微软日子并不好过，不仅产品缺乏创新，而且组织架构一度广受诟病，局面越来越恶劣，市值甚至一度跌至3000亿美元以下，不仅被苹果远远甩到身后，还被“新秀”谷歌所超越。

2014年2月微软新任CEO纳德拉接手之后，进行了一系列向死而生的改造。他利用边缘思维和杠杆思维，从组织架构着手，顺利完成了组织与产品的同步迭代。他说：“这个行业不尊重传统，只尊重创新。”

原有的Windows显然不再能适合智联网时代的发展。此前微软“以Windows系统为核心卖软件”的模式被放弃，纳德拉将业务重心全面转向云服务。2018年3月29日，微软宣布进行重大重组，Windows部门将被拆分，不再作为一个独立的事业部存在，并且将注意力聚焦于智能云和智能边缘。

在纳德拉的带领下，操作系统的范畴不再仅限于计算机上的Windows，而是扩展到"云端"各个层面和"终端"各种类型。因为计算正变得无处不在，同时也将越来越分散地出现在覆盖不同联网设备、终端和地理位置的边缘"小"环境中。为了充分调动边缘的力量，在电子邮件中，纳德拉告诉员工，他们需要推动自己以超越"康威定律"，并且身体力行。

"康威定律"是由计算机程序员梅尔文·康威（Melvin Conway）命名的，在半个世纪前1967年的一篇文章中提出。

在康威的这篇文章中，最有名的一句话就是："*Organizations which design systems are constrained to produce designs which are copies of the communication structures of these organizations.*"。中文直译的意思就是：设计系统的组织，其产生的设计和架构，等价于组织间的沟通结构。

康威定律简单来说就是：你想要什么样的系统，就搭建什么样的团队。如果你的系统是按照业务边界划分的，大家按照一个业务目标去把自己的模块做成小系统、小产品的话，你的大系统就会长成如图0-3所示的样子。

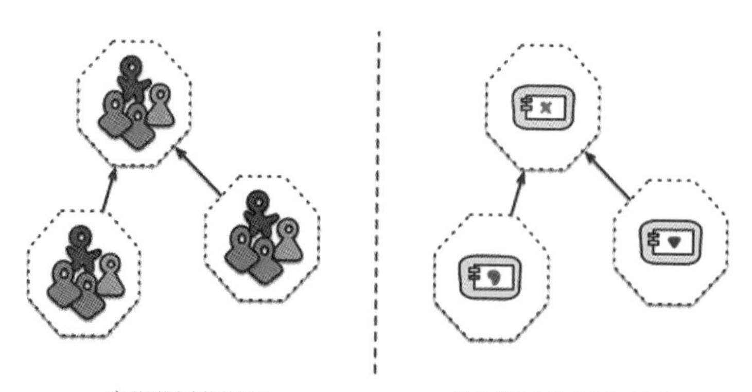


图0-3 产品系统与组织架构挂钩

边缘思维需要充分调动边缘"部队"的能动性，如果团队将沟通的成本维持在系统内部，每个子系统就会更加内聚，彼此的依赖耦合变弱，跨系统的沟通成本也就会降低。

比如，两个人能讲清楚的事情，就不要用更多人。每个人每个系统都有明确的分工，出了问题知道马上找谁，避免“踢皮球”的问题。能扁平化就扁平化。最好按业务来划分团队，这样能让团队自然地自治内聚，明确的业务边界会减少和外部的沟通成本。每个小团队都对自己模块的整个生命周期负责，没有边界不清，没有无效扯皮。

杠杆思维也被纳德拉发挥到极致。以往的微软视开源、免费软件等为自己最大的敌人，这也就意味着微软无法借助开源软件这一重要“杠杆”的力量。而现在的微软，在企业文化上变得更为开放。

曾经，微软将备受欢迎的开源操作系统Linux称为技术产权的“癌症”。到了2015年，当微软在开源大会和重大事件上拿出印有“Microsoft Loves Linux”的T恤和徽章时，大多数程序员看到的第一反应：要么是喝咖啡被呛到，要么是把水喷到显示器上——微软爱上了Linux！ 2018年4月，微软更是首次推出自主版本Linux系统。2018年6月，微软以75亿美元收购开源及代码托管社区GitHub。

开源工具不仅仅是工具，更是一种社群力量。懂得使用开源工具，不仅可以提高研发效率，而且意味着企业可以获得数十位或者上百位开发者的帮助，可以借助开源社区的网络效应，从此驶上研发与学习之路的“快车道”。拥抱开源，对于物联网企业来说，这种做法不是可选项，而是必选项。

此外，微软早期的崛起也与智联网思维相关。微软在IBM等硬件巨头的影响下，另辟蹊径，靠软件崛起，使得Windows产品横扫全球，并积累了大量成功经验，这些经验就包含其充分发挥了解耦思维与联网思维。

当时不仅计算机的软件和硬件没有解耦，整个计算机产业也还没有明确的分工。软件的价值必须通过硬件的销售和提供服务来实现。没有一家公司可以将软件单独拿出来卖。可以说，在推进计算机产业解耦和分工的过程中，微软推出的Windows操作系统，在促进计算机软硬件进行第一次解耦的过程中，起到了关键作用。

联网思维则不仅体现在计算机用于接入互联网的功能本身，还体现在微软使用开放、兼容和廉价的策略，将Windows接入了整个计算机生态。有了兼容机厂商和应用软件开发商的支持，Windows的市场份额急速扩张，任何想与微软竞争的企业，就相当于依靠一己之力与微软合作的产业联合体作战，甚至是与整个产业生态体系抗衡。

随后，微软利用“互补品”的经济学原理，将个人计算机硬件的竞争拉入红海。剃须刀和刀片是互补品，如果剃须刀的价格便宜，刀片的销量就会增加。相似的道理，计算机硬件和操作系统是互补品，如果硬件的价格便宜，操作系统的销量就会增加。从IBM身上赚到第一桶金的微软，并没有给IBM提供排他性授权，而是将Windows同时授权给上百个贴牌厂商。这些厂商合理合法地克隆IBM计算机，很快计算机硬件不断降价，同时性能不断增长，相应地，对微软操作系统的需求自然就增加了。

微软的案例只是智联网思维应用的“冰山一角”。根据智联网思维演进与渗透的路径，本书将以智联网思维的底层思维为起点，带你深入解读智联网思维的各种运用，以及由此引发的一系列思维“大地震”。

## 【本书结构】

本书分为两大部分。

第一部分“智联网思维的深入解读”，是智联网思维运作的架构。本部分整体介绍了智联网思维有哪些底层逻辑，以及如何运用到产品和企业中。

第二部分“智联网思维演化的商业模式”，是智联网思维运作的高级实践。企业要想长久生存下去，在智联网时代立于不败之地，必须要有与之匹配的商业模式。本部分将分章介绍这些商业模式给企业当下以及不久的将来将带来哪些变革，并分享来自不同行业、不同企业的具体应用案例。

Part 1

# 第一部分

# 智联网思维的深入解读

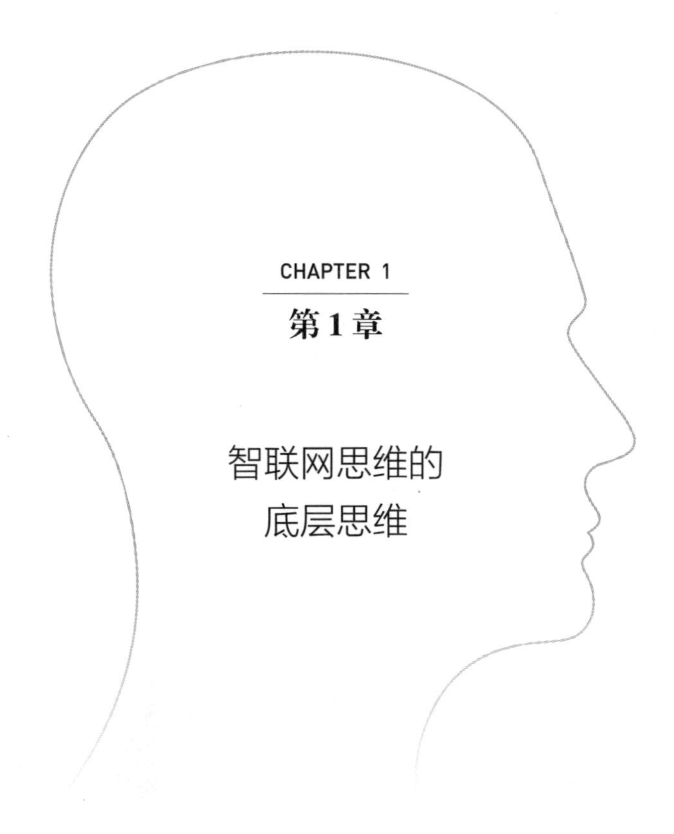

CHAPTER 1

# 第1章

# 智联网思维的底层思维

【问题清单】

- 如何理解智联网的“异形大脑”？
- 智联网思维的底层思维有哪些?
- 如何撬动智联网的万亿级市场?

## 1.1 智联网是一种新的智力形态

动物学中，根据动物身体中有没有脊椎骨而分成脊椎动物和无脊椎动物两大类。无脊椎动物是动物的原始形式，通常情况下脊椎动物要比无脊椎动物智商更高，但是章鱼是个例外。

还记得世界杯最佳“预言帝”章鱼保罗吗？在2008欧洲杯和2010世界杯两届大赛中，章鱼保罗预测14次比赛，结果猜对了13次，成功率高达92.85%。虽然这些预测有着运气成分，但章鱼确实有着我们无法理解的高智商，是无脊椎动物中的“叛逆”，被美誉为海洋中的灵长类，这明显与我们的日常认知不符。科学家与我们持有同样疑问，又湿又软的章鱼，是如何拥有智力的？通过基因层面的研究，科学家终于找到了章鱼异形大脑的复杂性线索——智力的“第二种起源”。

章鱼有一个很大的中央大脑，它的每一条腕足还有一个独特的小型“大脑”网络。它们可以协调八条腕足和数百个灵敏的吸盘，更不必说伪装在珊瑚礁背景中的能力了。哺乳动物的大脑类似于一个中央处理器，能够通过脊髓发送或接收信号。与哺乳动物不同的是，章鱼只有10%的脑细胞处于高度集中的状态，这部分大脑围绕食管分布，由两个视神经组成的部分大脑占30%，剩余的60%的大脑则分布在腕足中。

人们认为，在章鱼的腕足中有自己的“微型大脑”，这不仅仅是因为腕足中存在着神经元，还因为腕足具有独立的处理能力。举例来说，章鱼在逃离捕食者时会自断腕足，而离体后这条腕足还能够继续蠕动爬行。研究者发现，章鱼腕足的运动并非独立于中央大脑。更确切地说，是大脑给出了高级命令，八条腕足中的每一条都会自主执行任务。

解剖学证据同样表明，章鱼大脑下部的神经直接与色素体周围的肌肉相连。就像在调色板上挥毫的艺术家一样，激活这里的肌肉可以将色素囊打开，将色素分散到色素体内组成薄的色盘上。这些生物有三个预存的模式，分别是统一、杂色和混乱，通过部署其中的一种模式，章鱼能够伪装融入不同的背景。

章鱼“智力”的进化路径颠覆了人们对于智力的认知。人们过去将智力划分为理解力、学习力、创造力等，而章鱼在敏捷性、实时响应和边缘智能方面的表现往往比人类更加出色。无独有偶，在动物界之外，一种与章鱼相似的异形大脑正在进化，这种新的智力形态正在科技界酝酿，这种形态被称为“智联网”。

与章鱼“异形大脑”类似，智联网的大脑分布于云端和边缘，云端大脑通过智能分析负责40%的计算与决策工作，智联网的边缘同样拥有智能，60%的计算在靠近终端设备的边缘侧直接处理与执行。比如“梯联网”的应用就很能说明这种情况。电梯是一种常见又特殊的公共设施，我国电梯总量早已超过400万台。电梯的安全与可靠运行一直备受各界关注，如何实现海量电梯的预测性维护与能效管理？“梯联网”应运而生。通过在电梯上安装多种传感器、通信网关和监控设备，电梯就可以通过运维管理系统与远程的维修人员、物业公司“对话”。梯联网中的每一部电梯好像章鱼的一个可以独立思考的“腕足”，能将电梯的运营数据实时采集并回传，后台数据中心利用大数据的分析结果，并结合外部系统进行综合决策，实现远程管理、运维以及预测性维护。当然，梯联网还可以开启更开阔的商业空间，比如与电梯传媒等系统的互联。

智联网是一种新技术的集大成者，智联网依赖于10年、20年甚至30年前可能已经存在的“旧”技术。在本书引言中，智联网的定义是：智联网建立在互联网、大数据、人工智能、物联网等基础之上，是具备智能连接万事万物的互联网，是智能时代的重要载体和思维方式。智联网通过将物理世界抽象到虚拟世界，并借此建立完整的数字世界，构筑新型的生产关系，改变旧有思维模式，最终目的是实现人与人、人与物、物与物之间的大规模社会化协作。智联网是新的智力形态影响下的新的思维方式。

不要因为走得太远，而忘记为什么出发。从现有系统进化到类似于章鱼的智联网思维形态，需要长期的演进与迭代过程，并非一蹴而就。在这个过程中，虽然各种智联网产品与方案的迭代令人眼花缭乱，但这些只是表象，指导智联网发展的理论基础与核心抓手更为重要。它们一成不变，它们是智联网未来发展的依据和向导。

需要强调的是，智联网是一种全新的思维模式，它让我们有机会从前所未有的角度认知、改造物理世界。在这里，我们少谈颠覆、少谈阶跃，多谈一些万变不离其宗的智联网思维之“锚”。

毕竟物理世界的数字化只是一个初级层面，智联网要做的是把物理世界数字化形成整个数字世界，也就是在虚拟领域重建一个世界，这才是真正的价值所在。在智联网构筑数字世界的过程中，我们不仅需要知其然，更要知其所以然。因此智联网未来之路的核心抓手应该是：数字孪生、信息物理系统和云边端（云端、边缘及终端的简称）协同。

就像基因承载了生命的大数据，保存着生命在孕育、生长、繁殖过程中的重要信息，数字孪生犹如设备的“基因”，在数字空间构建了一套表征该设备在设计、研发、工作、迭代过程中的虚拟实体。缺少了数字孪生在数字世界中构建的设备“基因”，智联网就缺失了通过数字世界认知和改造物理世界的底层逻辑，可以说，数字孪生处于智联网启蒙的“咽喉”地位。

在电影《变形金刚》中的赛博坦（Cybertron）星球上，以擎天柱为代表的汽车人和以威震天为代表的霸天虎对决不断。变形金刚虽然是科幻形象，但在一定程度上让我们得以窥见智联网的终极形态。智联网的使命就是在物理世界的基础上，建设万物智联的数字世界“赛博坦”，让人们过上从未体验过的智能生活。

要想让地球上的“赛博坦”工程落地，还需要可行的技术架构和实现手段作为支撑。云边端协同给出了云端大脑、边缘小脑和终端神经元之间的分工架构，让无处不在的计算变得更有效率，让赛博坦中各种设备的应用和服务以更加清晰的路径进行部署，让信息物理系统（Cyber Physical System，CPS）变为现实。

## 1.2 从实体到虚体，从线性到指数：数字孪生

虽然在工业领域，数字孪生的理念应用非常广泛，但它的应用并不仅仅局限于此，智联网的基础逻辑也正是数字孪生。数字孪生具有很强的延展性，有些数字孪生只是对单个传感器建模和指代，有些数字孪生则是整个智能系统的代言人，展示了系统中的拓扑结构、能源分配和设备使用情况。

理解数字孪生，还要从物理世界的数字化说起，也就是从实体到虚体。如今我们已经进入软件定义一切的时代，智联网认知物理世界的第一步，便是将物理世界数字化、虚拟化，为各种硬件抽象出其数字孪生。因此数字孪生贯穿智联网基础逻辑的问题是：

- 什么是数字孪生？

- 为什么数字孪生关系到整个智联网的发展?
- 数字孪生在未来将会如何演进?

### 1.2.1 物理世界的数字化改造

我们花费了近半个世纪的时间将"人的信息"数字化，这个数字化的过程也即各种互联网企业诞生的过程。"人的信息"数字化的目的就是连接"你与我"，将"人的信息"数字化呈现在虚拟世界，通过门户网站、社交媒体、电商平台等提供各种服务。

互联网的飞速发展给世界带来了翻天覆地的变化，我们不再必须见面交流，动动手指就能和朋友聊天；我们不再必须出门远行，在电视和计算机中就能查询和体验到各种异域风情；我们不再必须自己动手，各种电商和快递服务随时将各种商品和美食送到我们面前。

各种各样与人相关的物品也正在被数字化。电子书用来取代纸质图书，电子音乐用来模仿琴弦振动，虚拟现实用来取代真实场景，原本存在于想象世界的各种科幻人物，比如擎天柱、阿凡达、蓝精灵……都可以在影视剧中活灵活现、深入人心。

在数字世界中，不仅存在物理世界的原型，还存在物理世界无法体验和感受到的场景。互联网带来的直接结果就是"数据爆炸"，整个数字世界正在以前所未有的速度变化着，这种变化还仅仅是开始。

未来互联网企业如果想延续以往的高速发展，需要从围绕以"人"为中心构建的场景进一步扩展，将"物"的智能化和数字化囊括进来，将"物"从物理世界带入虚拟世界，并在虚拟世界中将"人"与"物"的信息打通，通过创造新的"物种"，构建"后互联网时代"的全新体验。也就是说，将彻底实现"人"与"物"，"物"与"物"的交流。

物理世界不仅仅有“人的信息”，互联网还将各种各样“物的信息”映射到数字世界，这种映射包含时间、空间和物体本身，这种映射打破信息孤岛和碎片，形成完整、统一的数字世界（见图1–1）。数字世界的崛起，依赖于计算机软硬件技术的发展，取决于网络带宽和传输速度的提升。

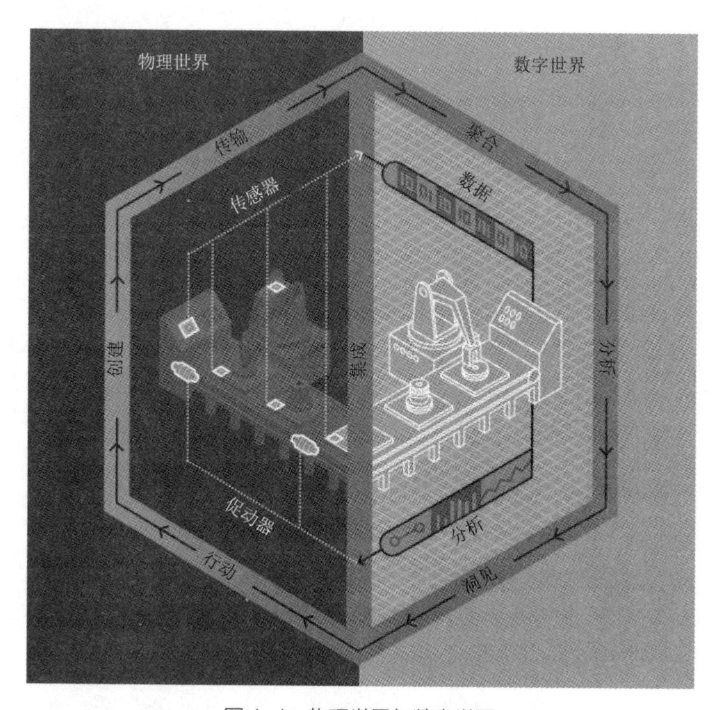


图1–1　物理世界与数字世界

回顾互联网的发展历程，1969年10月1日，世界上出现了第一条由计算机发送到计算机的信息，从那之后，由计算机传递的“人的信息”就一发不可收拾。1972年联网计算机数量仅为29台，1975年达到57台……2015年，联合国的一份报告显示，全球超过60亿人拥有手机，这比45亿使用抽水马桶的人数还多。爱立信的一份白皮报告预测，到2020年，将有500亿智能设备接入互联网。①

① 联合国《世界发展指数报告》;《爱立信移动市场报告》。

人的信息就这样通过互联网进行着持续的传递，承载的硬件由大型计算机，到个人电脑，再到智能手机。而且，信息的增长是我们无法想象的。据工信部统计，2019年春节7天假期期间，中国移动互联网流量共消费195.7万TB，微信发送量高达3772亿条，移动短信发送量达133.3亿条。

在过去的40余年里，不仅承载人的信息的硬件载体发生着变化，信息触及的层面也在发生变化，从邮件来往到语音信息，再到支付记录乃至个人体征，人的信息被逐层深入地转换到数字世界。

若干年前，将银行的交易记录和个人的体征信息，通过互联网记录到数字世界，还是不可想象的情景。与“人的信息”直接密切相关的，是物流信息和交易信息的数字化。通过将“人”“物流”和“交易”信息的深度数字化和彼此关联，触发了互联网在过去10年中最重要的成就，即它将商品销售的边际成本降到了几乎为零。也就是说，通过互联网，商品在全球范围内销售的成本与互联网出现之前的“传统模式”相比，低到仅是一个零头。恰恰是互联网的这一成就，让亚马逊、阿里巴巴、京东等互联网企业能够迅速扩张。

有了数字世界的参与，更多的变革可能性被激发，很多新型的商业场景完成了“从0到1”的进程，人在物理世界中的某些运营流程也随之发生了逆转。在传统模式中，例如，我们在沃尔玛超市的整个购物流程中，首先通过物流将商品配送到沃尔玛供我们选购，然后是购物结算时产生现金流，通过消费信息，沃尔玛掌握了消费者购物的信息，物流在前，现金流和信息流在后。

而在互联网电商模式中，当我们登录电商平台，商家首先获得的是信息流，根据以往的购物信息，电商可以推荐合适的商品并针对不同消费者显示差异性的定价，当我们结算虚拟购物车中的商品时，产生现金流，支付流程之后伴随的是物流配送。因此在网购过程中，信息流和现金流在前，物流在后。

通过回顾互联网将“人的信息”数字化的历程，我们看到硬件载体、数字化深度和运营流程本身都在发生变化。在智联网阶段，数字世界将更加丰富，它将利用传感器与连接方式，打通整个物理世界和数字世界。而这个数字世界正处于初始阶段，有待于持续完善，也势必经历硬件更新、数字化纵深发展，以及运营流程重构的历程。

目前仅有少量的设备通过智联网进行了数字化，产生的数据量对于整个数字世界来说可谓九牛一毛，今天的数据量如果与20年以后相比，与万物智联以后的数据量相比，连沧海一粟都达不到，而这些数据只有变成了信息才会有用。

通过数据、信息、智能、知识组成的闭环让“时间”“空间”“物体”信息深度数字化并且彼此关联（见图1-2），智联网将通过数字孪生不断开启我们使用数字世界改造物理世界的想象力。

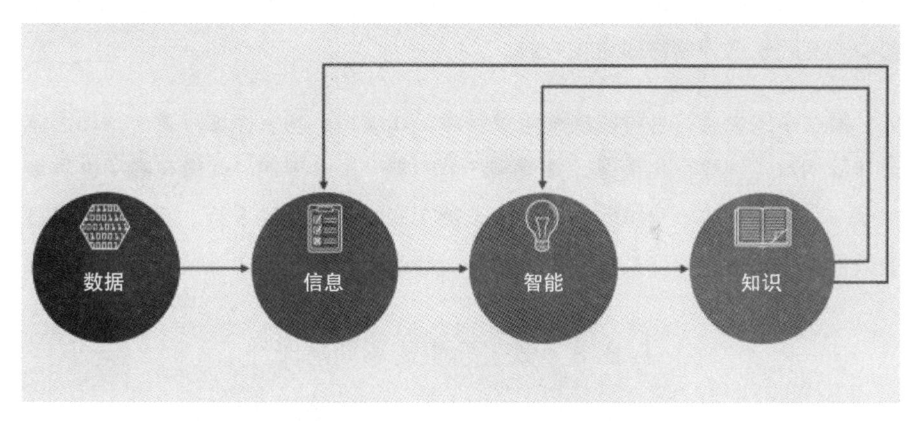


图1-2　由数据、信息、智能、知识组成的闭环

比如，现在越来越多的人使用“滴滴出行”预约出租车、专车、顺风车等完成自己的出行诉求，于是“滴滴出行”作为出行平台就积累了大量的人群出行数据。

我们应用这些数据可以做什么呢？首先，可以实现区域热力图、城市运力分析、城市交通出行预测、城市出行报告以及信号灯动态配时等，为整个城市的交通出行提供更好的服务。其次，还可以做到基于位置（LBS）的商业营销。有了这些大数据，商家可以节省在产品推广、市场调研上的人力和财力。最后，我们可以分析城市内部及城市之间居民出行的时空格局，揭示城市内部各个功能区之间，以及城市与城市之间的相互联系。通过出行大数据，可以分析得到不同城市的教育、医疗资源的分布情况，长期观察就能发现城市的经济、社会资源的发展、变迁情况，非常具有研究价值。

### 1.2.2 数 字 孪 生

2002年，美国密歇根大学一名教授率先提出了“数字孪生”（Digital Twin）的说法，他认为通过物理设备的数据，可以在数字空间构建一个表征该物理设备的虚拟实体及其子系统，并且这种联系不是单向和静态的，而是把整个产品的生命周期都联系在一起。

数字孪生是通过各种软件和信息技术，在虚拟空间中构建与某一物理实体或流程相对应的数字化镜像，并贯穿产品的整个生命周期，就像在数字世界重构了一个物理实体的双胞胎一样。由于数字孪生可以实时更新，所以可以通过有效模拟和仿真，验证人们针对物理产品的各项决策。

### 1.2.3 数字孪生的不同形态

Gartner预测，到2021年有50%的大型企业都将使用数字孪生。数字孪生意味着企业要开始实现一种全新的商业逻辑：产业价值的“数字”交付，无论交付物是一件智能设备或产品，还是一座数字工厂，或是一条数字化生产线。看到了数字孪生的广阔前景，Gartner在最新发布的2018技术成熟度曲线中将数字孪生置于波峰位置。Gartner认为数字孪生利用物理模型、传感器采集、运行等数据，在虚拟空间中完成了对现实的映射，实现对智联网技术的升级。

数字孪生是在产品的全生命周期中的每一个阶段都存在的普遍现象，大量的物理实体系统都有了数字虚体的“伴生”，这种现象也被称为“孪生化”。越来越多的数字孪生将促进大量的新技术、新模式、新业态的诞生。

数字孪生以产品为主线，贯穿了产品生命周期中的不同阶段，它在生命周期的不同阶段引入不同的要素，形成了不同阶段的表现形态（见图1–3）。寄云科技CEO时培昕博士对数字孪生的不同形态进行了很好的总结，下面我们就以汽车的生产过程为例进一步说明。

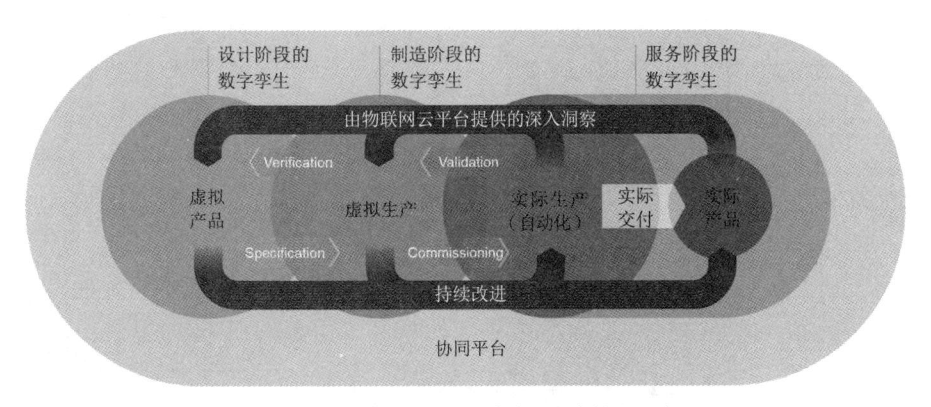


图1–3 数字孪生贯穿产品生命周期中的不同阶段

### 1. 设计阶段的数字孪生（Digital Product Twin）

产品数字孪生体是指产品物理实体的工作状态和工作进展在信息空间的全要素重建及数字化映射，是一个集成的多物理、多尺度、超写实的动态概率仿真模型，可用来模拟、监控、诊断、预测、控制产品物理实体在现实环境中的形成过程、状态和行为。

产品数字孪生体基于产品设计阶段生成产品模型，并在随后的产品制造和产品服务阶段，通过与产品物理实体之间的数据和信息交互，不断提高自身完整性和精确度，最终完成对产品物理实体完整而精确的描述。

在产品的设计阶段，利用数字孪生可以提高设计的准确性，并验证产品在真实环境中的性能。这个阶段的数字孪生，主要包括如下功能。

**数字模型设计**：使用CAD工具开发出满足技术规格的产品虚拟原型，精确地记录产品的各种物理参数，以可视化的方式展示出来，并通过一系列的验证手段来检验设计的精准程度。

**模拟和仿真**：通过一系列可重复、可变参数、可加速的仿真实验，来验证产品在不同外部环境下的性能和表现，在设计阶段验证产品的适应性。

例如，在汽车设计过程中，由于对节能减排的要求，计算机辅助设计与制造软件帮助包括宝马、特斯拉、丰田在内的汽车公司，准确进行空气动力学、流体声学等方面的分析和仿真，大幅度地提升汽车流线性，减少了空气阻力。

2. 制造阶段的数字孪生（Digital Production Twin）

新型汽车的雏形被设计完成之后，进入生产制造阶段。在这一阶段，物理现实世界将产品的生产实测数据（如检测数据、进度数据、物流数据）传递到虚拟世界中的虚拟产品并实时展示，实现基于产品模型的生产实测数据监控和生产过程监控（包括设计值与实测值的比对、实际使用物料特性与设计物料特性的比对、计划完成进度与实际完成进度的比对等）。另外，基于生产实测数据，通过物流和进度等智能化的预测与分析，实现质量、制造资源、生产进度的预测与分析；同时，智能决策模块根据预测与分析的结果给出相应的解决方案反馈给实体产品，从而实现对实体产品的动态控制与优化，达到虚实融合、以虚控实的目的。

制造阶段的数字孪生可以缩短产品导入的时间，提高产品设计的质量、降低产品的生产成本、加快产品的交付速度。因此，制造阶段的数字孪生是一个高度协同的过程，通过数字化手段构建起来的虚拟生产线，将产品本身的数字孪生同生产设备、生产过程等其他形态的数字孪生高度集成起来，实现如下的功能。

**生产过程仿真：**在产品生产之前，就可以通过虚拟生产的方式来模拟在不同产品、不同参数、不同外部条件下的生产过程，实现对产能、效率以及可能出现的生产瓶颈等问题的提前预判，加速新产品导入的过程。

**数字化产线：**将生产阶段的各种要素，如原材料、设备、工艺配方和工序要求，通过数字化的手段集成在一个紧密协作的生产过程中，并根据既定的规则，自动地完成在不同条件组合下的操作，实现自动化的生产过程；同时记录生产过程中的各类数据，为后续的分析和优化提供依据。

**关键指标监控和过程能力评估：**通过采集生产线上的各种生产设备的实时运行数据，实现全部生产过程的可视化监控，并且通过经验或者机器学习建立关键设备参数、检验指标的监控策略，对出现违背策略的异常情况进行及时处理和调整，实现稳定并不断优化的生产过程。

### 3. 服务阶段的数字孪生（Digital Performance Twin）

随着智联网技术的成熟和传感器成本的下降，以汽车为代表的很多产品，从大型装备到消费级产品，都使用了大量的传感器来采集产品运行阶段的环境和工作状态，并通过数据分析和优化来避免产品的故障，提高了用户对产品的使用体验。

在产品服务（产品使用和维护）阶段，仍然需要对产品的状态进行实时跟踪和监控，包括产品的物理空间位置、外部环境、质量状况、使用状况、技术和功能状态等，并根据产品实际状态、实时数据、使用和维护记录数据对产品的状况、寿命、功能和性能进行预测与分析，并对产品质量问题进行提前预警。同时当产品出现故障和质量问题时，能够实现产品物理位置快速定位、故障和质量问题记录、零部件更换、产品维护、产品升级甚至是产品的报废、退役等。

这个阶段的数字孪生，可以实现如下的功能。

**远程监控和预测性维修：**通过读取智能工业产品的传感器或者控制系统的各种实时参数，构建可视化的远程监控，并根据采集的历史数据，构建层次化的部件、子系统乃至整个设备的健康指标体系，并使用人工智能实现趋势预测；基于预测的结果，对维修策略以及备品备件的管理策略进行优化，降低或避免因为非计划停机给客户带来的损失。

**优化客户的生产指标：**对于很多需要依赖工业装备实现生产的工业客户，工业装备参数设置的合理性以及在不同生产条件下的适应性，往往决定了客户产品的质量和交付周期。而工业装备厂商可以通过采集海量的数据，构建针对不同应用场景、不同生产过程的经验模型，帮助客户优化参数配置，以改善客户的产品质量和生产效率。

**产品使用反馈：**通过采集智能工业产品的实时运行数据，工业产品制造商可以洞悉客户对产品的真实需求，不仅能够帮助客户加快新产品的导入周期、避免产品错误使用导致的故障、提高产品参数配置的准确性，更能够精确地把握客户的需求，避免研发决策失误。

### 1.2.4　由数字孪生引发的变革

2016年，美国前总统奥巴马收到了一份特别的礼物，一副卡拉威高尔夫球杆。这份礼物的独特之处在于，成品是根据奥巴马的体重、挥杆姿势和力量等所有相关因素量身定制的，但造价却与普通的球杆没有区别。这根球杆诞生于“数字世界”。在设计阶段，数字孪生帮助它在虚拟环境中完成了模拟和测试，使球杆不仅满足个性化的需求，而且生产周期从2 ~ 3年缩短为10个月。

这也正是未来制造业的方向之一：满足客户个性化需求，即所谓的“大规模定制化生产”。很多公司纷纷通过自己的实践证明，使用数字孪生通过虚拟方式进行产品验证，不仅可以极大地减少产品的研发与设计成本，还能够快速缩短产品从概念走向实物的整个周期。数字孪生引发的成本变化如图1-4所示。

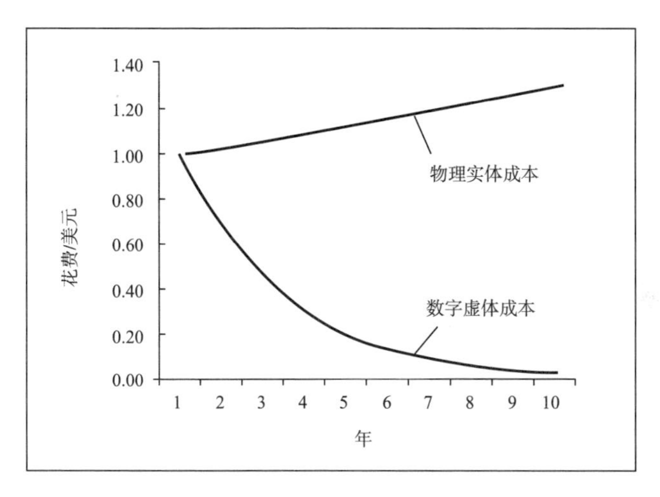


图1-4　数字孪生引发的成本变化

数字孪生无论是对产品的设计、制造还是服务，都产生了巨大的推动作用。数字孪生带来的不仅是更便捷的创新实验、更低廉的试错成本、更全面的测量、更可靠的预测和更可复制的经验，而且它还升级了人们对于物体“机理模型”的认知，即打开了通过数字世界改造物理世界的窗口。

意大利豪车制造商玛莎拉蒂生产的全新一代Ghibli跑车，采用了数字孪生的生产理念，通过对软件里的数字化模型进行设计和测试，缩短了30%的新款车型设计开发时间，将跑车上市的时间缩短了16个月，同时Ghibli跑车的产量提升了3倍，品质却依然没变。

由此可以看到数字孪生正在成为一个企业走向智联网时代的标配。

## 1.3 从无到有建立操作系统：CPS

在理清智联网的底层逻辑，也就是数字孪生之后，我们需要上升到它的基本框架——CPS（Cyber Physical System）。

CPS于2006年由美国国家科学基金会NSF首次提出，在消费电子、能源、工业、公共事业、医疗健康等领域都开展了对于CPS的应用探索，随后美国将其作为抢占全球新一轮产业竞争制高点的优先议题。

2013年，德国“工业4.0实施建议”将CPS作为工业4.0的核心技术，随后则重点推进以制造为导向的CPS，即CPPS（Cyber Physical Production System）。凡事有利有弊，工业4.0将CPS作为其核心技术，一方面让CPS受到了更加广泛地关注；另一方面也让部分人错误地认为CPS的应用仅仅局限于工业领域，或许对于CPS的刻板印象和误解还不止于此。看到这里，你的心中一定充满了各种疑问：

- 为什么CPS是智联网的基本框架？
- CPS描绘了怎样的未来蓝图？
- CPS为我们更深地认知和改造物理世界，提供了哪些思路？

### 1.3.1 看懂CPS，才能真正撬动智联网的万亿级市场

CPS通过构筑信息空间与物理空间数据交互的闭环通道，能够实现数字世界与物理实体之间的交互联动。数字孪生为实现CPS提供了清晰的思路、方法及实施途径。

数字孪生的重点在于机理模型，CPS的重点在于数学模型，两个模型综合应用产生新的产品、新的模式和新的业态。不可否认的事实是，CPS的内涵和

外延一直都在持续变化，至今尚未形成统一的定义。

拆解CPS这个名词，其中既包含Cyber（数字世界），又包含Physical（物理世界），给人的第一印象是CPS是连接可见与不可见世界的“桥梁”。但是仅仅把CPS理解为“桥梁”“总线”或者“系统”，未免过于狭隘。

Physical不仅仅是“物理”的意思，更代表蕴含在物理实体背后的客观规律。美国国家科学基金会NSF对于CPS的解释是，按照自然规则或者人为规则运行的系统，物理模型只是承载这些规则的手段之一，其他的手段还包括周边环境、相关要素、机器社群等。

目前，我看到的对于CPS最好的解释是，CPS着眼于将物理设备联网，也就是将设备连接到互联网上，让物理设备具有计算、通信、精确控制、远程协调和自治五大功能。

作为建设“赛博坦”的基本框架，CPS本质上是一个具有控制属性的网络，但它又有别于现有的控制系统。CPS的3个核心元素包括通信（Communication）、计算（Computation）和控制（Control）。值得注意的是，CPS把“通信”放在与“计算”和“控制”同等的地位，因为在CPS强调的分布式应用系统中，物理设备集群之间的协调是离不开通信的。

CPS对网络内部设备的控制精度、远程协调能力、自治能力、控制对象的种类和数量，特别是在网络规模上，远远超过现有的各种网络。

美国辛辛那提大学李杰教授在其《CPS：新一代工业智能》一书中曾经提到电影《天空之眼》中的一个鲜活故事，它可以让我们在一定程度上直观地感受CPS的内涵。

《天空之眼》是一部以无人机反恐打击的角度切入的战争片。影片中，远程驾驶的无人机原本只需要执行空中监视任务，却在发现恐怖分子即将进行恐怖活动后，改为对其进行定点清除任务。因为袭击目标房屋的旁边有个小女孩，执行任务过程中很有可能造成小女孩的伤亡。剧情的冲突点在于，经过计算，小女孩受伤的概率非常高，所以指挥官与操作手争执到底要不要以小女孩的生命为代价来完成这次任务。

在电影的一个场景中，指挥中心里的分析人员不断寻找目标房屋的射击点，以便在击杀恐怖分子的同时使小女孩被误伤的风险降到最低。这个决策过程的基础即对状态和活动的精确评估及预测，涵盖了CPS的3个核心元素。

- **通信（Communication）**：无人机将地面的数据和自身的状态不间断地传输到控制中心，同时控制指令能够实时地传递到无人机上。
- **计算（Computation）**：这里的计算有非常明确的目的性。首先是完成任务的能力，即选择不同的瞄准点对袭击目标造成致命打击的成功率；其次是在袭击过程中造成房屋边上小女孩伤亡的风险概率。
- **控制（Control）**：无人机的指挥中心设置在距离袭击目标数千英里的亚利桑那州，操作手能够通过实时控制系统（RCS）实现飞行员对飞机的一切真实操作。

在这个实例的决策过程中，对目标要求的完成程度和达成目标所要付出的代价之间的精确预测与权衡，是计算的内容和目的。决策不是最终目的，对决策造成的影响进行精确化的评估和管理才是目的。

CPS将整个物理世界的规则进行建模、预测、优化和管理，CPS不仅仅是"桥梁""总线"或者"系统"，它的精髓在于对数字世界的营造。CPS更为本质的意义在于，它是智联网互联与改造整个物理世界的底层思维基础。如同互联网改变了人与人、人与数字世界之间的互动一样，以CPS为核心思维的智联网将改变人与物、物与物，乃至物理世界与数字世界的互动方式。

## 1.3.2 CPS的4个迭代演进过程

当我们试图再通过原来的手段将各种产业带入新的阶段时，发现并不是单纯提升生产力那么简单，如果不正视真实世界的非确定性，将很难取得突破。面对充满不确定性的多变世界，原有的计算基础和思维方式将会受到挑战。为了应对真实世界的不确定性，就要从根本上改变系统设计的理念和方法，而不仅仅是简单的提升设备性能。

从发展阶段上来看，根据智能化和自组织的等级，CPS被国内外学者们分为4代（见图1–5）。目前我们正处于从第1代向第2、3代的演进过程中，工业4.0的核心是第2代CPS。

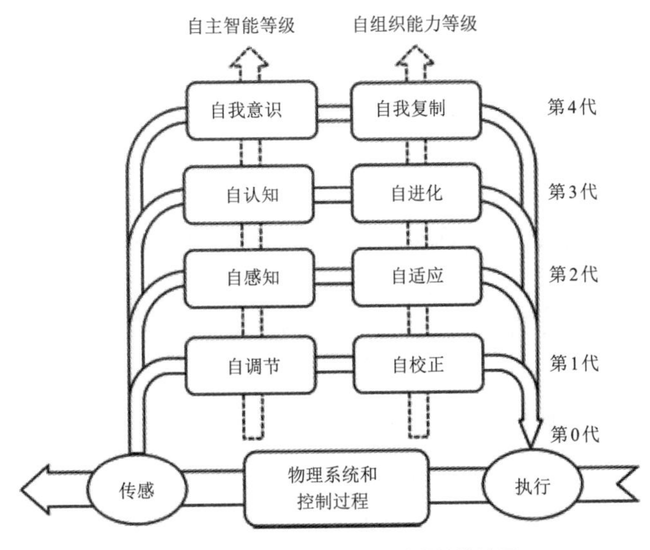


图1–5　CPS 4个迭代演进的结构图

### 1. 第0代CPS：封闭物理系统

第0代CPS具有感知、控制、执行和反馈的闭环，通常是由预先定义的逻辑或者规则进行控制的封闭系统，不能对各种不确定性以及多变的环境产生响应。目前存在于各种产业中的自动化系统属于此类。

第0代CPS更加侧重功能性的设计，解决的是已知或者可见的问题，系统以预期和实际之间的差异作为负反馈控制的依据。但在真实世界中，环境和目标都有很多的未知和不确定性，这些不确定性来自于环境和任务，也来自于系统本身，因此便有了CPS的以下演进路径。

### 2. 第1代CPS：自调节与自校正

在第1代CPS中，系统架构和默认的操作方式在方案设计阶段被定义和确定，在整个系统的生命周期中不会发生变化。第1代CPS具有控制功能，并且可以将参数调节到最优水平。在系统发生故障，或者周边环境产生变化的情况下，需要人为进行干预和调整。

此外，系统可以应对软件或者网络的一些非确定性，比如，通信和计算中的时钟抖动，网络中的丢包，资源的调用与冲突等。然而第1代CPS并非自适应系统，不能对非确定性做出预测。

**【实例】**数控机床即数字控制机床，是一种装有程序控制系统的自动化机床。数控机床能够根据已编好的程序，使机床动作并加工零件。生活中各种家电和手机的外壳、汽车和飞机零部件、圆珠笔的笔头以及易拉罐的生产，都要用到数控机床。

### 3. 第2代CPS：自感知与自适应

第2代CPS可以应对已知模式的变化，系统在设计时考虑到多个可替代的控制模式，在运行时CPS将在最佳模式下运行。控制模式和推理算法在设计阶段进行预定义，在整个系统的生命周期内不会发生变化。来自系统和环境的感知数据，用于CPS在不同操作模式中进行切换。

此处CPS系统的自感知并不等同于人类心理学层面的自我感知，CPS的自感知相当于人脑中的初级思维功能，包括对当前状态的评估，设备与环境、设备与任务之间的关联关系识别，不同情境对系统影响的判断，特定场景中的操作反应，以及上下文语义识别等。CPS的自感知构成了一种本地化的“系统世界观”，这种自感知的强弱很大程度上取决于引入信息的多少，以及可用信息的范围。

**【实例】**运作在多模式下的飞行控制系统。比如，瑞典萨博公司研制的新一代战机JAS 39“鹰狮”，具有多功能、高适应性的特点，将先进科技与有效的人机工程相结合。JAS 39的飞行控制系统可以操控飞行姿势、高度、速度，自动取舍输入的信息，具有选择攻角、侧滑角、适应负载、防止旋转，以及侦测、攻击敌机的功能。因此JAS 39可以在所有高度上实现超音速飞行，并在短场起降上获得最大的效率。

#### 4. 第3代CPS：自认知与自进化

对于已知的变化，第3代CPS可以实现自我认知，即它是一个可以自我成长的智能体，其价值和能力会随着使用的不断积累而增强。具备自学习能力的CPS可以在预定义的范围内，根据实际约束条件进行自组织与自调整。

相比自感知，自认知是一种更高级的认知模式，需要结合各种经验和知识，对陌生的情况做出适当的推理。自认知在部件级、单机级、系统级等不同应用层面上有着不同的方式和目的。从自感知到自认知，反应了智能化水平的提升，也反映了从局部向全局智能化范围的扩展。自感知使得CPS在特定情况下可以针对物理世界建立有效的模型，自认知使得CPS可以从多个不同角度建立物理世界的多种模型。自认知本身具有一定的不确定性，不同的情景和前后逻辑，有可能使系统从不同角度生成多种模型。

自进化表现为CPS从一种稳定状态，演化到一种新的稳定状态的能力，以便响应需求、任务、目标和环境的变化。目前在设计阶段，充分预测各种运行场景和功能变得越来越困难，因此使CPS具备自进化的能力变得非常迫切，当前的各种系统还远未达到所需的自进化水平。

【实例】自学习机器人。意大利科技学院的研究人员打造了一款人型机器人，它的名字叫iCub，身高104cm，体形跟一个5岁大的孩子差不多。iCub的四肢活动范围可达53°，具有触觉和肢体协调能力，可以抓东西、玩捉迷藏，甚至还会跟着音乐跳舞。它的眼睛和头部可以跟踪运动中小球的移动轨迹，手臂上安装有定制化的压力传感器。它的名气源于实现了机器人从“听从命令”到“拥有自我意识”的跨越，在机器人发展史上具有开创意义。这款iCub机器人已经研发了近十年时间，最新一代iCub的拟人化程度更高，它已经具有了初步的自我意识。伴随着学习能力的逐步提高，iCub未来将可能成为电影角色“大白”那样的机器人助手，它不会把你看成主人，而是把你当成朋友、闺蜜，因为它可以倾听你的烦恼，甚至逗你开口一笑，再为你出个点子解决困扰。

**5.第4代CPS：自我意识和自我复制**

第4代CPS可以应对未知变化，人不再必须参与控制过程。目前对于第4代CPS，尚无法给出明确的界定。全面实现系统智能，包括机器感知、情景感知、机器学习、自主认知等能力，被认为是第3代和第4代CPS的主要区别。

什么是智能？什么是系统智能？智能水平如何评级，不同的机构与组织之间存在颇多争论，很多问题当前还没有答案。

## 1.3.3 CPS的两种“变体”

如果想要在各行各业顺利建设万物智联的数字世界“赛博坦”，CPS必须对不同行业的不同需求有所侧重和“适配”。因此，CPS在不同的行业中，会衍生出不同的CPS“变体”。

其中包括重要的以信息物理生产系统为导向的CPPS（Cyber-Physical

Production System）和以信息物理社会系统为导向的CPSS（Cyber Physical Social System）。

1. 信息物理生产系统（CPPS）

德国政府大力推行的工业4.0是建立在信息物理系统（Cyber Physical System，CPS）基础之上的，这就为智慧工厂的实现指明了一条现实可行性的途径。

德国专家和学者基于制造立国和制造强国的理念，把CPS运用于生产制造，提出了CPPS，即信息物理生产系统。在CPPS中，信息物理系统被应用于制造业，并具备在生产过程中，持续观测产品、生产方式、生产系统的能力。智慧工厂就是以CPPS为模型进行构建的。

组成CPPS中的主要元素包括传感器、计算模块、执行器和人机界面。在运行时，各种制造系统内的信息会在这些组成元素中形成回路。

CPPS与目前一般自动控制系统的主要区别在于，CPPS中的信息处理模块一方面会与数字化制造系统（如CAD、CAM、CAE等）、产品生命周期管理系统（PLM）、制造执行系统（MES）或企业资源规划系统（ERP）等数据进行交互，以取得设备、零件、产品、程序、人员等相关设计与制造信息；另一方面，则会通过传感器采集制造系统与环境、人员的实时数据。之后，CPPS会将这两个来源的数据进行整合，通过各种信息的运算与处理程序（如控制程序、智能算法、大数据分析等）形成控制命令，最后由执行器来控制物理设备或者环境。因此与现有自动控制系统相比，CPPS具有自适应性、鲁棒性、可靠性、容错性，可基于预测产生决策，以及对使用者界面友好等特性。

在智能工厂的应用过程中，CPPS的组成架构包括如下方面。

（1）由承载数据、模型、算法的各种应用软件所构成的虚拟空间。如工程知识库，计算机辅助设计、分析、制造、模拟软件，数据采集系统、制造执行系统、产品生命周期管理系统、企业资源规划系统，以及可视化人机界面与网络安全管理系统。

（2）由机器设备、能源供应系统及其他硬件组成的实体空间。如CNC数控机床，工业机器人与自动化周边产品，能源供应模块，环境感知与控制系统等。

（3）将虚拟空间与物理空间互相连接的信息网络。包括有线、无线及局域、广域网络，各种交换机、路由器及数据管理系统，以及由计算机、移动设备、可穿戴式装置所组成的人机交互界面。

（4）支撑CPPS运作的云端大脑。CPPS之所以能够通过网络与企业的其他CPS、上游供应商、下游客户的CPS进行数据交互，是依托具备分布式计算、大数据分析、人工智能算法等服务与能力的云端大脑完成的。

最引人注目的是，传统自动化控制层级的变化。要想完整实现智能制造系统功能，必须替代传统制造系统体系结构中那种基于金字塔分层模型的控制范式，如图1–6(a)所示。CPS对开放互联和灵活性的要求更高，由于各种智能设备的引入，设备可以相互连接从而形成一个网络服务体系，如图1–6(b)所示。每一个层面，都拥有更多的嵌入式智能和响应式控制的预测分析；每一个层面，都可以使用虚拟化控制和具有工程功能的云计算技术。

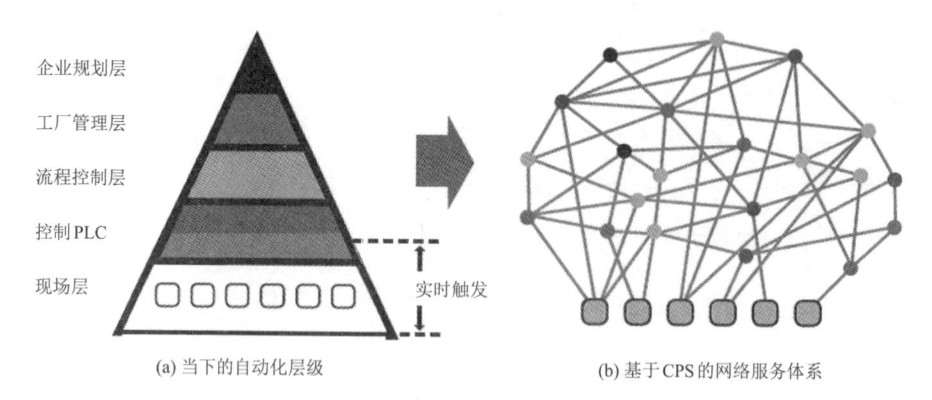


图1–6　CPS的网状互联网络

CPPS将能够更好地支持人、机器和产品之间的通信。CPPS中的各个组成部分能够高效获取和处理数据，并且可以自适应地控制某些关键任务，并通过接口与相关人员进行交互（见图1–7）。

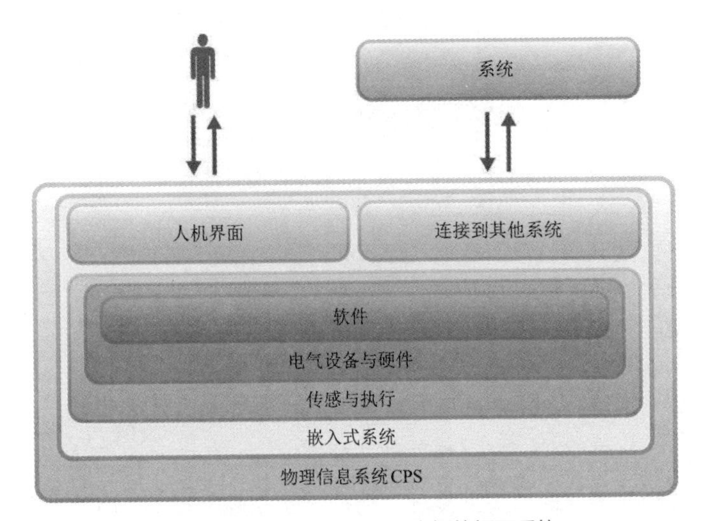


图1-7　CPPS中人与机器之间的相互系统

### 2. 信息物理社会系统（CPSS）

CPSS是在信息物理系统的基础上，进一步纳入社会信息、虚拟空间的人工系统信息，将研究范围扩展到社会网络系统，它包含了将来无处不在的嵌入式环境感知、人员组织行为动力学分析、网络通信和网络控制等系统工程，使物理系统具有计算、通信、精确控制、远程协作和自治功能，注重人脑资源、计算资源与物理资源的紧密结合与协调。

CPSS通过智能化的人机交互方式实现人员组织和物理实体系统的有机结合，使得人员组织通过网络化空间以可靠的、实时的、安全的、协作的方式操控物理实体。CPSS在智能企业、智能交通、智能家居以及智能医疗等领域将得到多方面的应用，其演变如图1–8所示。

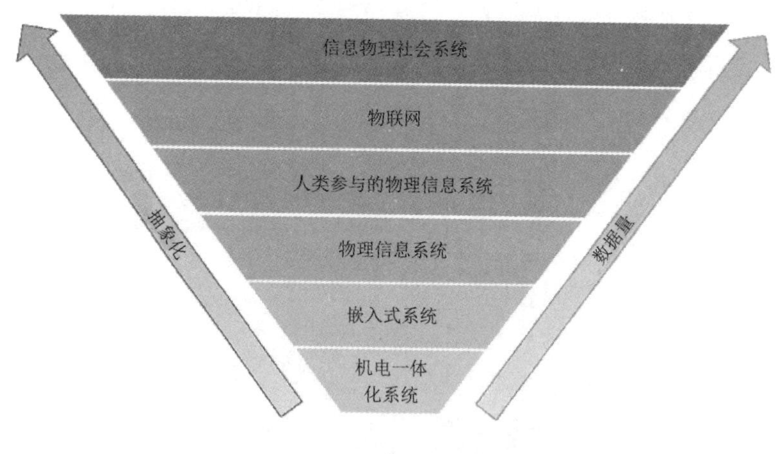


图 1-8　CPSS 的演变

近年来，随着科技的进步及社会的发展，工业系统越加复杂，同时涉及工程复杂性、系统复杂性和社会复杂性，并呈现出高度动态化、开放化和交互化等特征。各种新兴移动服务的发展及移动终端设备的普及已使“人”成为最为敏感的“社会传感器”。在此情境下，融合人－机－物于一体的CPSS将成为实现未来工业体系中的智能企业和智慧管理的基础，成为在联通的复杂世界中整合各种资源和价值的有效手段，成为迈向平行化、透明化、扁平化的移动智能制造的切实途径。

CPSS将人及其组织纳入系统之中，使虚实互动、闭环反馈、平行执行成为可能。以后不但物理世界有一个你，在虚拟的网络世界里还有多个平行的“你”，时时刻刻伴你生活、学习、工作……这个虚拟的“你”可以在许多方面督促、帮助、指引物理空间中的你，与你一起成长、变化，协助你解决各种问题。

然而，CPSS技术也是一把双刃剑。CPSS通过虚拟空间广泛群体中所产生的大量数据收集获取海量信息，会给人们带来正反两个方面的后果。如恐怖组织和极端组织的某些网络应用，以及层出不穷的网络“人肉搜索”现象，利用网民作为工具达到其不可告人的目的。因此，由于CPSS所连接的相关生活方式和工作环境尚且未知，在社会结构转型过程中，社会和个人信息安全这一极其重要的问题，正在受到高度重视。

## 1.4 从中心化到泛在智能：云边端协同

生活中，我们通常会把全知的系统和区域称为“白箱”，反之称为“黑箱”，在数字世界，根据类似的划分规则，也存在两种模型：机理模型和数学模型。

机理模型，是根据对象、生产过程的内部机制或者物质流的传递机理建立起来的精确数学模型。它是基于确定性的相关原理，比如质量平衡方程、能量平衡方程以及化学反应定律、电路基本定律等获得对象或过程的数学模型。机理模型的优点是参数具有非常明确的物理意义。

数学模型，是与部分现实世界相关，为一种特殊目的而建立的抽象的、简化的结构。数学模型的建立采用了非确定性的思维，着重研究不同变量之间的关系。很多数学模型的内部规律尚不十分清楚，在建立和改善模型方面都还不同程度地面临一些问题。

基于机理模型和数学模型，数字孪生定义了物体在数字世界的“虚体”，给出了从物理世界到数字世界的映射关系。由于软件本身就是人类知识的数字化结果，数字孪生通过“软件定义一切”的方式实现。

云边端协同定义了智联网的计算架构，通过互联网上的云端、边缘、终端的计算，三者联动构建智联网的核心计算能力。云边端协同是物理世界与数字世界融合的支撑架构，让人们可以随时、随地、透明地获得数字化的体验和服务，做出针对物理世界的最优决策。

为什么需要云边端协同？云边端协同的提出是为了解决智联网在计算中遇到的痛点问题。举个例子，随着无人机的应用扩展，一些无人机被用于执行特殊任务，比如检查风力发电设备的扇叶是否正常、山区中的供电线路是否出现故障等。无人机需要像人一样去感知——扇叶上有没有破损、有没有被鸟撞到，供电线路是不是冒火花、是不是有脱皮。在图像识别和分析的过程中，需要用到人工智能分析技术，对拍摄的照片或者视频进行判断，但如果将照片回传到云端进行处理，需要2～3秒才能实现一个来回，速度太慢、周期太长，而将人工智能模型应用于无人机是最可行的解决办法。

再比如在工地上运行的切割机，设备中布满了传感器和控制器，当它运行的时候可以将信息实时回传到控制中心。但是随着数据量的增加，工程师们发现切割机回传的数据实在是太多了，多到服务器无法接收和处理。如果遇到紧急情况，比如切割硬度太高的地方，或者温度太高的时候，切割机必须快速停机。在这种情况下，如果仍旧依靠云端计算，数据回传服务器再反馈到前端的时间至少是2秒，这个时间足以使切割机把不该切的切完，把自己弄“残疾”。因此工程师们需要云边端协同计算，将适当的算力放到边缘侧，通过边缘计算缩短设备对紧急状况的响应时间。切割机的实践数据表明，边缘计算可以将紧急情况的响应时间从2秒缩短到100毫秒。

如何直观地解释云边端协同效应？还记得本章开头介绍的智力“第二种起源”么？无脊椎动物中，章鱼的智商最高，因为它拥有巨量的神经元。这些神经元60%分布在八条腕足（边缘）上，脑部（云端）仅有40%。看起来用“腿腕足”来思考并解决问题的章鱼，在捕猎时各条“腿”从来不会缠绕打结，这得益于它们类似于分布式计算的“多个小脑（边缘）”和“一个大脑（云端）”协同工作。

云边端协同将计算扩展到边缘，在靠近客户端、设备端的地方去建立计算模型，让计算变得更便捷，从而解决网络延时的问题，及时地做出最优的决策。或许你会产生不少疑问，比如：

- 哪些公司正在推进云边端协同？
- 云边端协同将会用到哪些最新技术，又将面临什么挑战？

### 1.4.1 云边端协同的主要推动者竟是三大云计算巨头

2018年，终端、边缘与云端的微妙关系逐渐被业界重视起来，智联网的发展令原本基于互联网构建的基础设施逐步翻转，经历着一次螺旋式的更迭过程。

2016年，在Gartner数据中心年度会议上，硅谷风投大佬Peter Levine曾说边缘计算是云计算的“终结者”。经过两年时间的验证，边缘计算和云计算的关系更加清晰，两者并非互斥关系的基本论调已奠定。由于边缘计算解决了“最后一公里”云原生应用的供应问题，成为了云计算在未来发展中的重要落地支撑，边缘计算与云计算势必彼此融合，从而开启“云边端协同”的新阶段。

就像配电网将电力从变电站输送到最终用户端，边缘计算形成的网格将云原生应用从最后一公里配送至互联万物，提高了关键应用程序的性能、处理能力、安全性和可靠性，很大程度上弥补了云计算在智联网领域实践中的短板。

通过由边缘与云端形成的多层混合架构，以及随之而来的“云边端协同”效应，更能综合发挥两者的优势，促进智联网基础架构迎来一次全面的升级。纵观全球，我们惊奇地发现，云边端协同的主要推动者，恰恰是边缘计算曾经试图“终结”的云计算巨头们。

云计算目前仍为一个快速扩张的市场，根据预测，到2021年云计算的市场规模将达3000亿美元。领跑"三人行"——亚马逊、微软和谷歌之间的排位争夺战从开始就没消停过，智联网时代也必将越演越烈。

基础设施即服务、平台即服务、软件即服务……一切尽在服务。为了谋求进一步扩张，亚马逊、微软和谷歌不约而同地看到了来自两个方向的发展动力，一是由各种软件即服务（SaaS）提供的增值云服务能力形成的推力，另一个是由边缘计算将云原生应用带入各种智能终端形成的拉力。边缘计算是一种分布式基础设施，计算资源和应用服务沿着从数据源到云端的通信路径分布。由于边缘计算能够提升云计算的时间维度价值（见图1-9），从而"淬炼"成业务绩效，更好地满足各种合规性的要求；具有更佳的数据隐私保护能力和安全性，是拉动云平台业绩的有效手段。

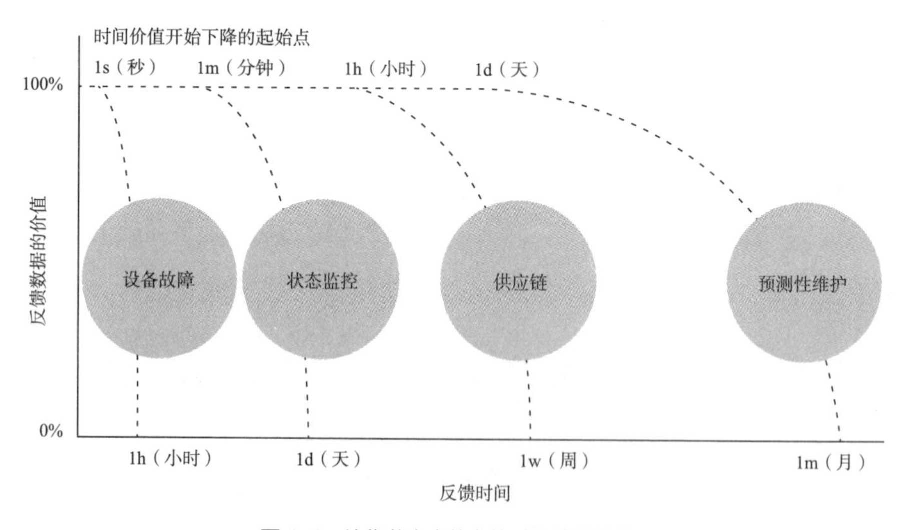


图1-9　边缘节点中信息的时间价值曲线

三大巨头的云边端协同路径推进可谓整齐划一，亚马逊的AWS Greengrass，微软的Azure IoT Edge，谷歌的Edge TPU和Cloud IoT Edge相继推出。各家的商业模式也相当趋同，在边缘侧以免费或开源的方式，将云原生应用的"电力"配送到位于"最后一公里"的工业机器人、风力发电机和各种生产线的边缘设备当中。当然，对云边端协同十分看好的企业并不仅限于三大巨头。HPE、IBM、思科、SAP等知名企业，Foghorn、IOTech、Falkonry等初创公司也纷纷跃跃欲试。

## 1.4.2 云边端协同的实现：一体化编程工具与金字塔型计算架构

经济基础决定上层建筑。随着中国的改革开放，在全球化的演进过程中，硬件和软件的世界性产业链体系逐步形成。中国获得了几乎整个硬件产业链，印度获得了软件外包产业链。中国成为了世界上首屈一指的电子设备和商品制造基地，在这个过程中，我们拥有了世界上最庞大的工程师群体，百万量级的嵌入式工程师。

嵌入式工程师使用的编程语言和互联网工程师有着很大的不同。互联网行业在大量资金的驱动下，编程工具越来越简化，很多互联网工程师使用Java或者JavaScript编程。如果嵌入式工程师们还停留在“刀耕火种”的阶段，缺少高效的编程利器，将很难完成将大规模的物理世界硬件映射到数字世界的工作。

因此我们需要同时将嵌入式工程师和互联网工程师，变成智联网工程师。智联网工程师既能在云端编程，又能在终端和边缘侧工作，这就需要一套新的编程工具，既能开发“端”，也能开发“边”，还能开发“云”。

智联网的程序编好之后，如何确定应用应该用在云端、边缘，还是终端?这时就需要实现云端编程，边缘侧应用分发的能力。也就是利用金字塔型计算架构，实现云边端一体化的应用分发能力。金字塔型计算架构中，各种具有计算、传感能力的设备之间的交互需求，对系统软件提出了前所未有的挑战，即需要解决如何使它们实现数据的交互、服务的协作。

如果暂时无法连接到云端，边缘和终端的应用程序还应正常运行，金字塔型计算架构不同于传统的冗余和备份，冗余、备份面对的系统环境和计算能力往往是对称的，而智联网面对的算力和环境差异性极大。因此并行计算的思路不再适用，云边端协同需要将数据按照金字塔的计算架构进行处理，将数据处理的流程根据场景确定将应用分发到哪里，将计算放到哪里，这是一个长期迭代和持续验证的过程。

金字塔型计算架构（见图1–10）并不是新生事物，最早由施乐实验室于20世纪80年代末提出。当时有人已经成功预言了计算技术将在大型主机时代和个人计算时代后，进入普适计算时代，即计算技术将无声无息地渗入人类的日常生活中。

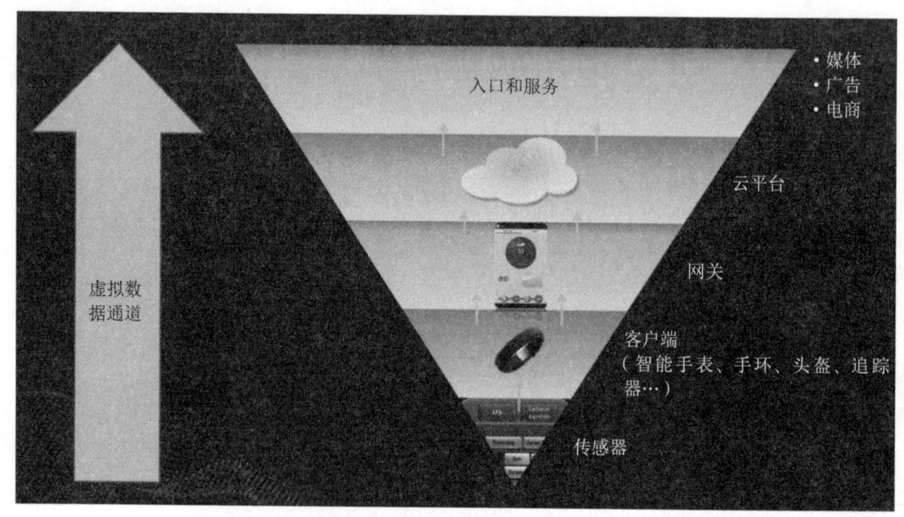


图1–10　金字塔型计算架构

未来计算机将逐渐从人们的视线中消失，和环境和谐地融为一体。施乐实验室定义了三类普适计算的设备，即：

- Tab：厘米级设备，可以很方便地携带和移动，并具有网络连接和定位功能；
- Pad：分米级设备，大小和一张A4纸相当，可以移动但并不方便长期随身携带；

- Board：米级设备，一般安放在固定的位置，可以支持多人共享使用。

直到30多年后的今天，当我们环顾四周时，所看到的电子设备仍然可以归入这三类，即云端、边缘和终端（云边端）。

无处不在的计算为我们的世界带来大量机遇的同时，也带来了巨大的挑战。云边端协同的最终目标是在恰当的地点，恰当的时候，将恰当的信息提供给恰当的人。我们面对的目标始终没有变化，但是传统的计算过程已经不能满足今天的需要了，而云边端协同恰能为智联网的发展提供全新的架构和思路。

### 1.4.3 金字塔型架构的应用推广与传播

云原生的各种应用如何沿着金字塔型架构被推广和传播？要理解这个过程，前提需要理解云原生等一系列技术。此处我们先来解释一下“云原生”“容器”“微服务”等概念。

云原生：云原生并不是新技术，而是一种理念，它是不同思想的集合，集目前各种热门技术之大成，它的意义在于让“云”成为潮流而不是阻碍。云原生应用，即指专门为在云平台部署和运行而设计的应用。云原生的演进历程如图图1-11所示。

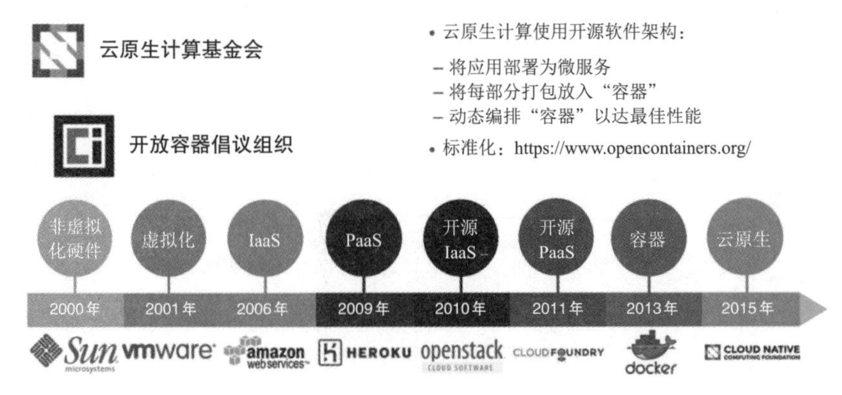


图1-11 云原生的演进历程

很多企业在完成从传统应用到云端应用迁移的过程中，遇到了或多或少的技术难题，云端应用的效率并没有达到预想的提升，升级迭代速度和故障定位也没有预想中那么快。因此，云原生概念被提出，从而试图同步改进应用的开发效率和企业的组织结构。

云原生定义了云端应用应该具备的基础特性，包括敏捷、可靠、可扩展、高弹性、故障恢复、不中断业务持续更新等。

2015年，由谷歌提议创立的云原生基金会（Cloud Native Computing Foundation，CNCF）正式成立，并且发布其标志性产品K8s，不少有价值的云原生项目也随之诞生。CNCF将云原生的生态圈划分为5层，分别是应用定义与开发层、编排与治理层、运行层、供应保障层和基础设施层。

**容器：** *容器技术是主机虚拟化技术后，最具颠覆性的计算机资源隔离技术。*

通过容器技术进行资源的隔离，不仅对CPU、内存和存储的额外开销非常小，而且容器的生命周期管理更加快捷，响应速度达到毫秒级。

简单地说，容器就像集装箱一样把软件封在一个壳子里。

如果把计算机比作一个美食加工厂，美食加工厂里面有蔬菜等原材料、各种厨具和加工工具，还有厨师等在职员工。那么容器就像是美食加工厂中开设的各种菜馆门店，川湘粤鲁豫菜都可以各有一个店，每个店都可使用美食加工厂中现成的厨具，大部分原材料和现成的厨师，只需准备少部分配菜和配料（运行环境）即可。

**微服务：** *相比大而全，有的人更喜欢小而精，微服务就此应运而生。*

过去的单体应用，把所有业务的代码都放在一起混合售卖。这对于小型项目来说自然是很合适的，可是项目一旦发展起来，业务一多，这个单体应用也就膨胀了，膨胀后的应用主要有以下两个缺点：

第一、牵一发动全身。修改某个业务的某行代码，需要重启整个单体应用，这显然是不合理的。

第二、扩展能力受限。对于单体应用，如果发现某一业务的请求量非常大，那么是无法单独扩展该业务的，只能复制整个单体应用，再部署一套环境来实现集群。

正因为单体应用的这些缺陷，微服务架构应运而生（见图1–12）。微服务是一种分布式架构设计理念，为了推动细粒度服务的使用，这些服务要能协同工作，每个服务都有自己的生命周期。微服务一般配合更细粒度的容器使用，并和云原生有很强的关联性。它具有以下三个关键点。

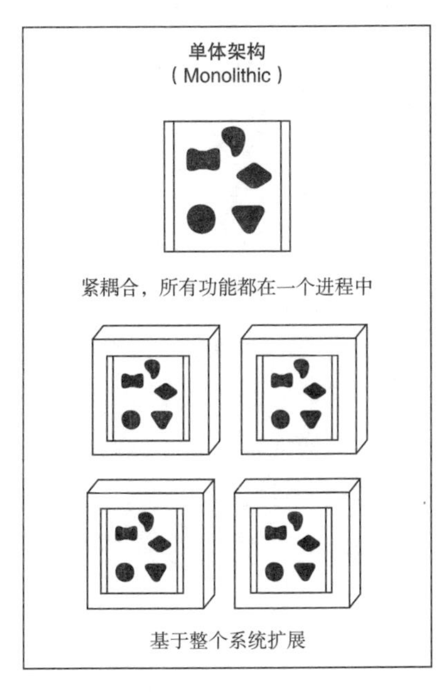


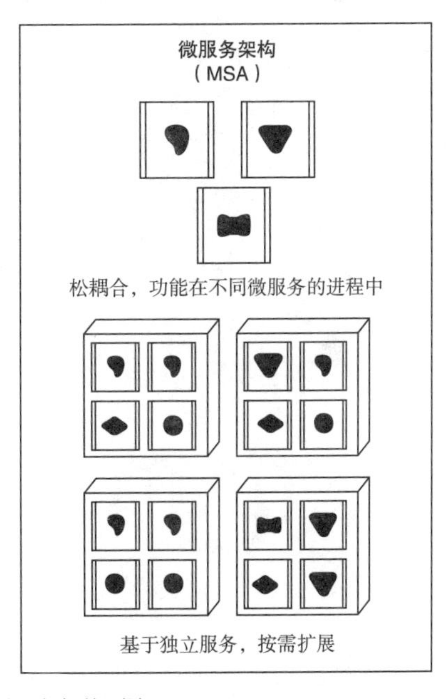


图1–12　单体架构与微服务架构对比

- 每个微服务都是一个独立的自治系统，能够独立运行。
- 对外只能通过API提供服务或者获取服务。

- 粒度足够小。

总之，一个微服务就是一个独立的实体，可以独立的部署在PaaS平台上，也可以作为一个独立的进程在主机中运行。服务之间通过API访问，修改一个服务不会影响其他服务。

在容器技术和云原生应用的作用下，无论使用哪一种云平台，研发人员都可以拥有完全相同的计算环境。过去，很多用户常常担心被阿里巴巴、亚马逊、微软等云计算提供商"绑定"，但如今，无论应用基于哪种云平台开发，人们都不再担心如何把应用从一个平台移植到另一个平台的问题，应用的云端迁移非常简单顺畅。

图1-13　从嵌入式边缘计算到云原生边缘计算

智联网的应用面临的最大挑战，不在"云端"，而在"物端"。面对挑战迎难而上，一些初创公司早已拥有云原生的理念，基于"容器"构建微服务，即从嵌入式边缘计算到云原生边缘计算（见图1-13）。

智联网中的硬件本身碎片化严重，基于硬件的应用如何做到迁移和复用？这时就要用到"物端"的操作系统（Operating System，OS），需要OS完成在硬件抽象基础上的标准化工作。

未来将有数万亿的联网设备，网络经济规律将发挥重要作用，尽最大努力获取更多的联网设备支持是“物端”操作系统推广的关键。哪家操作系统更完善、使用更便捷、生态更丰富，就更容易触发系统平台、开发者与用户之间的“正反馈”，从而进入持续迭代与完善的良性周期。

### 1.4.4 云边端协同中的“千人千边”

除了需要关注一体化编程工具、金字塔型计算架构与应用推广之外，云边端协同还需要克服来自多个层面的障碍，其中最基础的障碍是对“边缘”认知的不一致性。云边端协同中的“边缘”在哪里？这恐怕是最常见的问题之一。与云平台不同，对于边缘的理解可以说是“千人千边”。

工业互联网联盟IIC在白皮书《工业物联网中的边缘计算》(Introduction to Edge Computing in IIoT)中给出的解释是：边缘是一个逻辑概念，而并非是物理划分。同时IIC也给出了边缘计算需要考虑的共性能力，包括分布式数据管理、数据分析、统一业务编排、连接能力和安全性(见图1-14)。

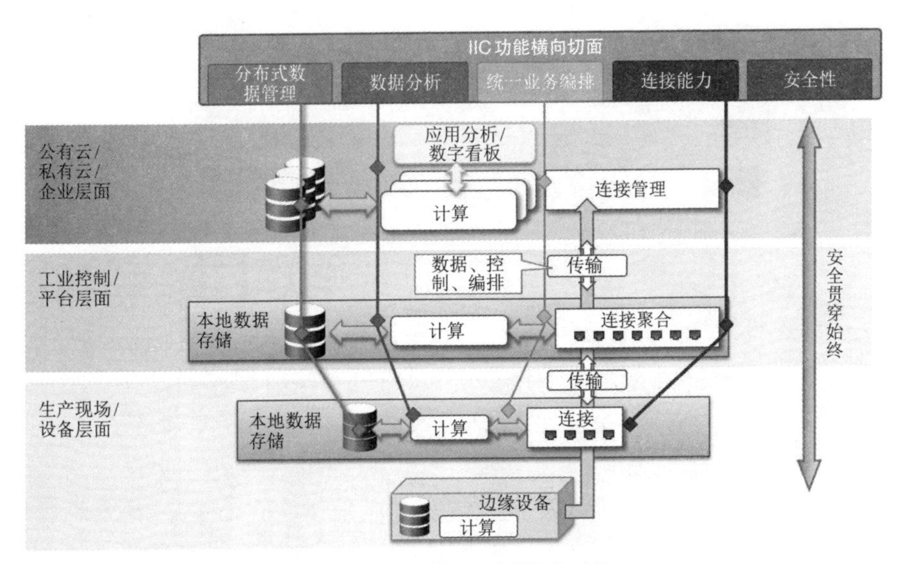


图1-14 工业物联网中的边缘计算

对于不同的个性化应用来说，“边缘在哪里”是一个“千人千边”的开放性问题，从应用角度来看，边缘的位置取决于业务问题需要解决的“关键目标”。

从最终用户和服务提供商的视角来看，边缘所处的位置并不相同，边缘计算的逻辑架构如图1–15所示。在由ARM、Vapor IO、Ericsson UDN等公司联合起草的白皮书《边缘计算现状2018》( State of the Edge 2018 ) 中，定义了两种边缘，即运营商视角的基础设施边缘计算和最终用户视角的设备边缘计算 ( 见图1–16 )。

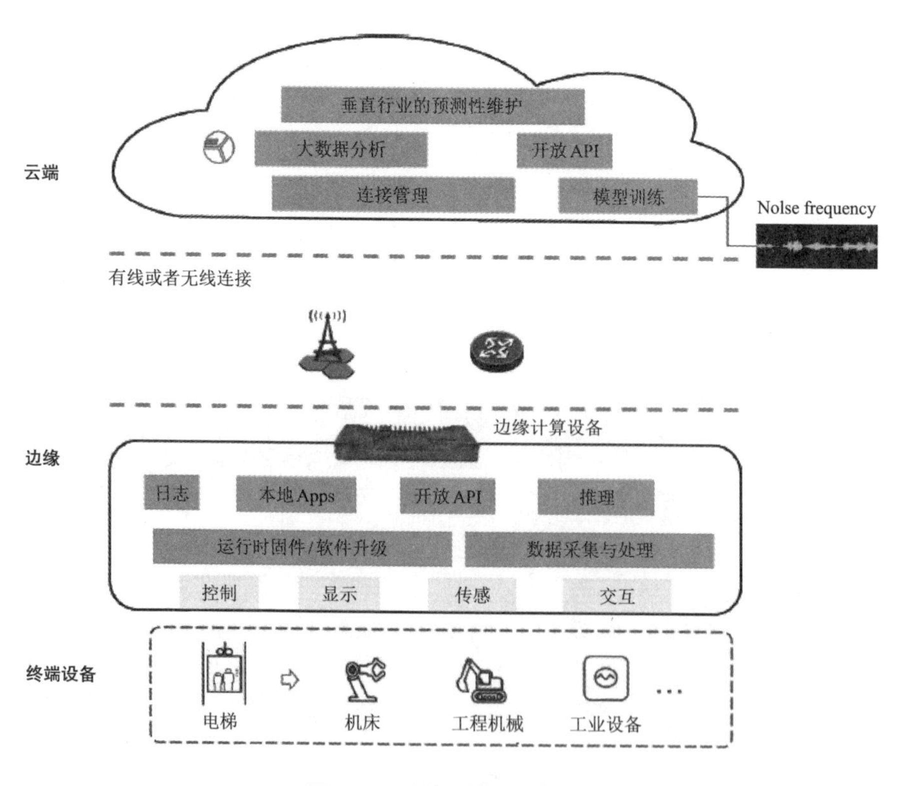


图1–15　边缘计算的逻辑架构图

- 基础设施边缘是指位于“最后一公里”的网络运营商或者服务提供商的IT资源，可参考图1-16左侧部分 ( 虚线框外 )。其主要构建模块是边缘数据中心，通常在城市及其周边以8 ~ 16千米的间隔放置。基础设施边缘采用分布式部署，汇集计算资源。

- 设备边缘是指网络终端或设备侧的边缘计算资源，可参考图1-16虚线框内部分，包括传统互联网设备，如PC和智能手机等，以及新型智能设备，如智能汽车、环境传感器、智能信号灯等。设备边缘主要聚焦于现场接入，包含多元异构硬件，并提供丰富的用户侧接口。

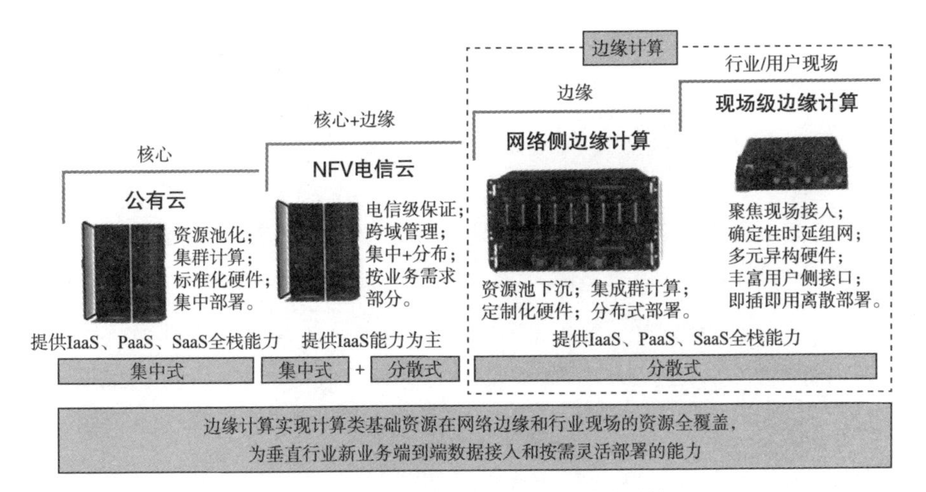


图1-16　基础设施边缘计算与设备边缘计算

戴尔公司的首席执行官兼董事长迈克尔·戴尔是看好边缘计算的激进派，他说："我认为边缘将比云更大。"基础设施边缘和设备边缘虽然同属于边缘计算的范畴，但是两者的定义、关注点、核心能力（包括计算和存储能力、网络资源规模等方面）差异极大（见图1–17）。由"千人千边"衍生的另一个问题是，对于云边端协同的市场规模估算的不一致性，导致不同企业对云边端协同的重视程度相差极大，云边端协同的重要性很容易被高估或者低估。

不同的市场研究机构也对边缘计算市场给出了各自的估算。

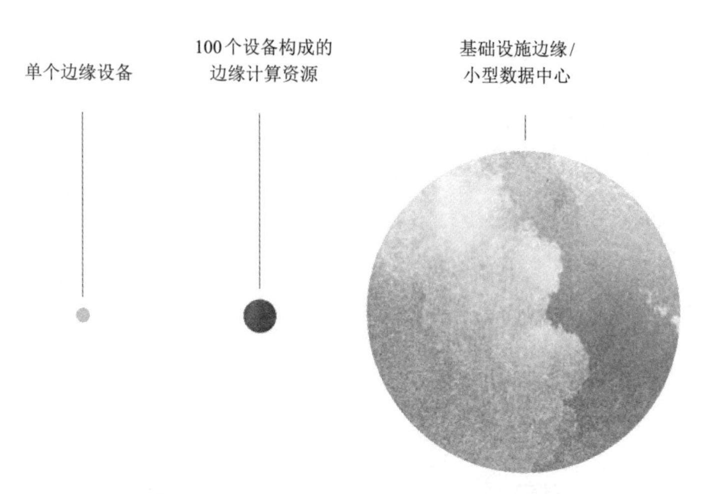


图1-17 不同类型边缘计算的差异化示意图

Gartner预测到2021年，考虑到时间延迟和带宽需求，40%的大型企业会将边缘计算纳入项目范围，2017年这一比例仅为不到1%。IDC预测到2020年，边缘计算的相关支出将占到智联网所有支出的18%。到2022年，智联网的整体支出将达1.2万亿美元，而边缘计算的相关支出则为2160亿美元。Grand View Research认为到2025年，全球边缘计算市场将达32.4亿美元，复合年增长率超过40%。Transparency Market Research认为2017年全球边缘计算市场约为80亿美元，并预计到2022年底将达133亿美元。Statistics MRC对于2017年的市场估算与Transparency Market Research一致，约为80亿美元。Statistics MRC还进一步预测到2026年，边缘计算的市场规模将达205亿美元。

具体来说，在智联网的实践过程中，有4种边缘值得格外关注，分别为网关型边缘、中间件边缘、终端型边缘和混合云边缘，下面分别加以简要介绍。

**1. 网关型边缘**

网关是系统通向外界的一扇门，它是一种担当转换重任的计算机系统或设备的统称。网关在网络层以上实现网络互连，是最复杂的网络互连设备，普遍仅用于两个高层协议不同的网络互连。在使用中，网关就像一个“翻译官”，部署在不同的通信协议、数据格式或语言，甚至体系结构完全不同的两种系统之间，在网络间转递着数据包。

某个工厂或者园区的应用，往往涉及网关型的边缘（见图1–18）。比如在一个大约占地十几平方千米内的园区，希望通过视频监控和人脸比对，了解工作人员在园区内的行动轨迹，并监督是否有外来人员闯入，这种应用既不属于城市级，又不属于车间级，这时就需要从网关发起的边缘计算来解决问题。

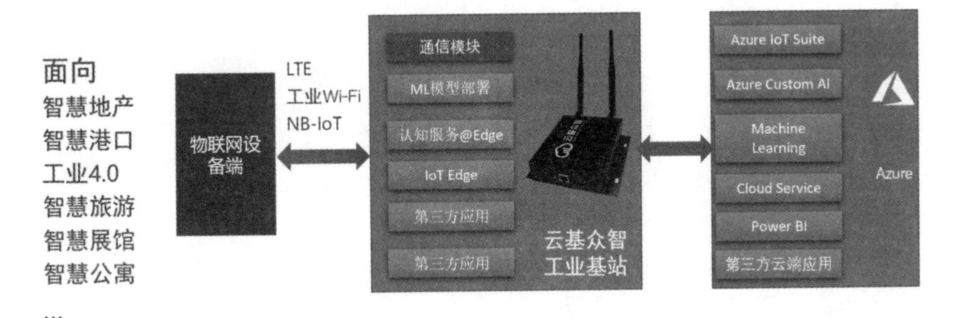


（来源：微软边缘计算合作伙伴——云基众智。）

图1–18　从网关发起的边缘计算

## 2. 中间件边缘

还有一种边缘使用中间件隐蔽了由云端服务提供的很多个接口，通过中间件进行调用和授权。云端功能往往很强大，比如微软的云平台可以支持66个国家的语言翻译，以及接近30项人工智能服务，这时根据需求通过中间件进行云端应用的调度（见图1–19），速度更快、成本更低，有效缩短了用户与人工智能之间的距离。

关于中间件，应该说还没有一个标准的定义，或者说还没有完全取得学术界和产业界的共识。顾名思义，中间件就是处于中间的软件。市场研究机构IDC认为，中间件是一种独立的系统软件或服务程序，分布式应用软件借助这种软件在不同的技术之间共享资源，中间件位于客户机服务器的操作系统之上，管理计算资源和网络通信。

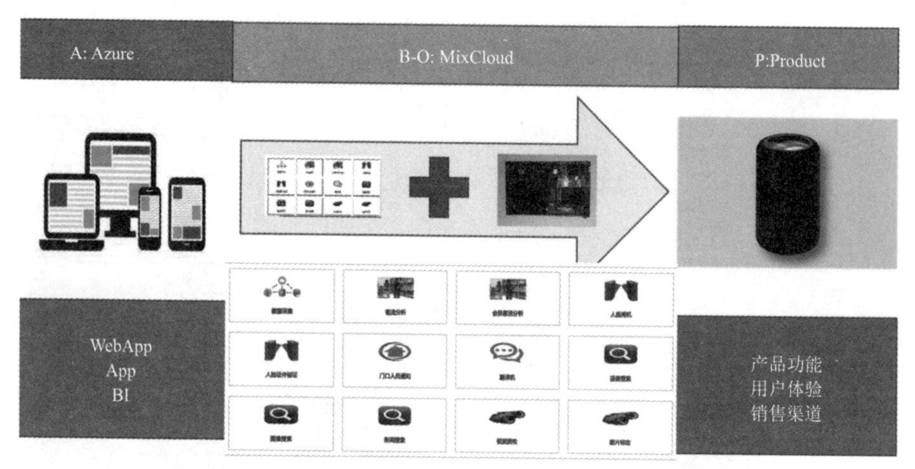


（来源：微软IoT计算合作伙伴——深圳米斯。）

图 1-19　缩短用户与人工智能的距离

比如你有一份贵重礼物，要交给你的朋友。你可以选择直接把礼物送到你朋友手上，或者你可以找一位专门递送贵重物品的快递员，把礼物交到你朋友手上，那么这位快递员就充当了“中间件”的角色。

### 3. 终端型边缘

边缘与终端在未来5 ~ 10年将会有一个新的“摩尔定律”诞生。以智能摄像头为例，一个智能摄像头的分辨率正在从1080P向4K方向进化，每个摄像头一天所采集到的数据量从100GB向200GB发展。再比如自动驾驶，今后的每一辆汽车都将内置各种各样的数据传感器，这些传感器同时工作时一天所产生的数据量将超过4TB。

以前在“物端”并没有真正形成对计算能力的要求，而一旦有了对计算能力的要求，在好的算法、好的应用条件下，摩尔定律将会发挥作用。同样的情况在计算机和智能手机的发展过程中得到了充分验证，当下在边缘计算领域，终端侧的摩尔定律正在萌芽。随着“物端”计算能力的提升，越来越多的边缘计算将直接从终端侧发起。

### 4. 混合云边缘

公有云的强项在于弹性灵活，私有云的优势在于安全可控，而混合云则综合考虑了弹性和安全性的需求。在油田、海运等离线环境，多种监管环境，本地部署云应用等多种需求下，很多用户选择了混合云边缘服务。越来越多被定制好的人工智能模型或者计算能力，被赋予到本地的服务器运行。

在云边端协同的过程中，不同层次的边缘与云平台之间构成了多层结构（见图1–20），从中心云—基础设施边缘—由设备构成的边缘集群—接入式边缘，边缘设备和网关层层向外扩展，构成了各种不同层级的边缘计算。应用程序的工作负载通过在各个层次之间动态分配资源来调度，以上各种边缘都可被视为集中式云平台的补充，甚至是现有云平台的扩展。

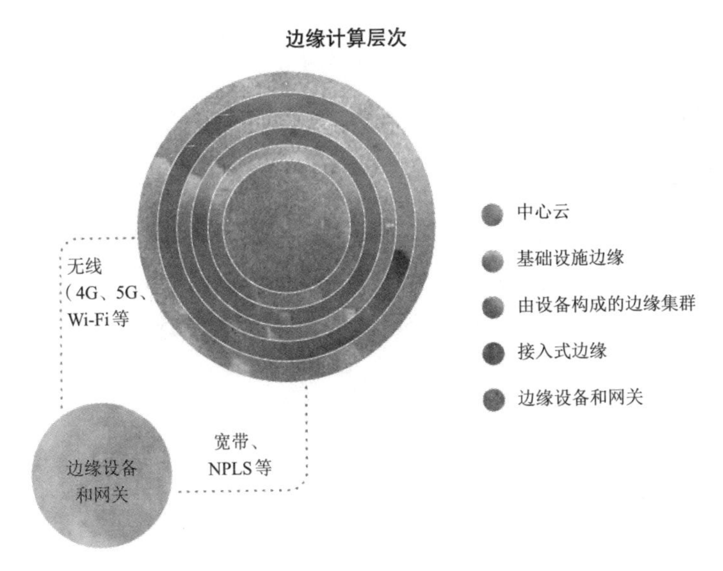


图1–20　边缘计算的不同层级划分

### 1.4.5 用数据分析的质量说话

数据分析是将数据转化为信息的过程，同时为运营决策提供新的洞察根据和见解，如果说数据是新型"石油"，那么数据分析就是驱动其产生价值的新型"引擎"。数据分析的质量，在一定程度上决定着智联网项目的价值上限。

大多数数据分析都在云端进行，如今随着云边端协同的推进，边缘分析可以降低数据存储、通信和处理的成本，去除不必要的数据"噪声"，更多的数据分析正在回到边缘进行处理。

一般而言，如果某项应用场景具有良好的信息源，业务问题有清晰的解决逻辑，那么数据分析的重点应该放到边缘。在更复杂的情况下，为了处理好多种数据源和多重变量，云边端协同需要综合考虑处理速度、可靠性和安全性、带宽需求和复杂度。

- **处理速度**：数据类型和数量，以及业务决策的时间限制都会影响处理速度。边缘计算采用分布式计算架构，由于将运算分散在靠近数据源的近端设备处理，不再需要远距离将数据回传云端，因此，实时性更好、效率更高、延迟更短。

- **可靠性和安全性**：可靠性和安全性虽有很大不同，但仍有较多数量的相似需求，暂时可以放到一起处理。互联设备可以通过边缘应用、同步设备数据与其他设备安全通信，甚至无需连接互联网，最大程度地提升可靠性、安全性和隐私保护能力。但是对一些重要数据，仍需回传到云端，进行保存以便进行长期趋势分析。

- **带宽需求**：带宽是远程控制中需要考虑的一个重要问题。云边端协同的数据量直接决定了数据分析的成本，如果要监控一台风力发电机上的100个参数，每隔10分钟回传一次数据到云平台，那么每天的数据量就是14 400个，这还仅仅只对应一台风机。有些公司正在采用最新

LPWAN技术来缓解向云端发送大量数据的成本问题，但带宽问题仍旧是云边端协同无法绕过的一个现实问题。

- **复杂度：** 复杂度是划分云端和边缘应用负载的分水岭。云端学习、边缘执行是处理复杂问题的大致思路。以一个啤酒厂的应用为例，如果分析某一种啤酒是否被过度发酵，那么边缘计算完全可以胜任和处理。如果想要研究每种啤酒的发酵周期，并在不同种类的啤酒之间进行横向对比，那么云端分析便可以很好地解决这个数学问题。

大多数预测性维护的问题都可以在边缘解决。但是如果解决的问题是工厂的综合生产效率提升问题，就需要在云平台中将来自多个场景的监测数据进行综合分析，但不能快速给出分析结果。边缘和云端各有长短板，各有上下限，因此协同必将成为合理而主流的走向。

### 1.4.6 从云到边，哪里是核心

在智联网的应用中，以云平台为核心，还是以边缘为核心？在这点的认知上，称霸云计算的巨头和硬件出身的企业有很大分歧，这一分歧带来的结果是分道扬镳或直接导致最终的失败。

比如，在谷歌的智联网架构中，云端数据分析处于核心地位，位于云端的大脑可以使用智联网数据流实现高级分析、可视化、机器学习等功能。

而在硬件企业眼中，结合自身的硬件优势，它们寄希望于终端设备和边缘计算成为智联网的核心。在富士康的智联网架构图中（见图1–21）直接将涵盖工业设备、机器控制、工业网关和边缘计算等更接近工业现场的部分称为核心层，边缘计算称为核心层运算。

随着云原生应用在边缘计算领域的渗透，使得云计算巨头也意识到了智联网的核心应当从云端进一步下沉，更贴近数据的源头，毕竟数据才是驱动云平

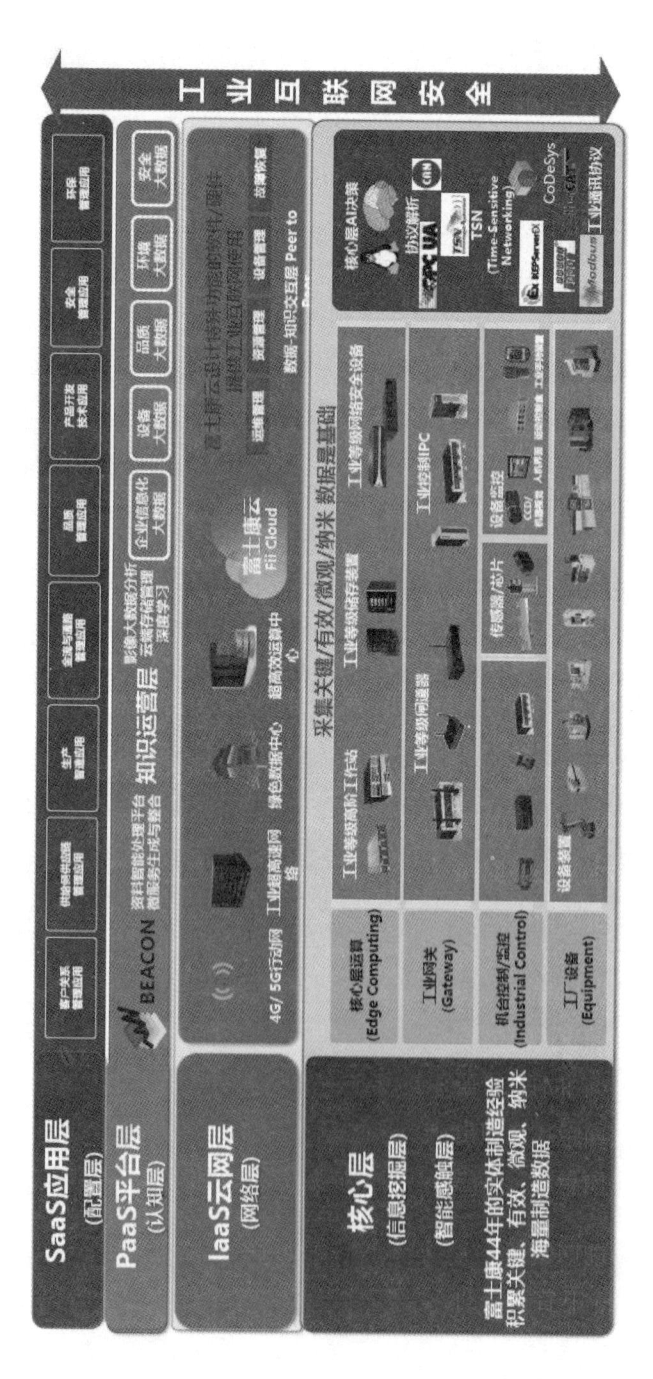


图 1-21　富士康的智联网架构图

台和人工智能的原动力。

边缘设备作为智联网云平台的“入口”，成为联通物理世界和数字世界的桥梁，是智联网产业的重要关口。例如，研华科技以自身工业计算机硬件及边缘软件为基础，结合开源软件，建立了WISE-PaaS（Platform as a Service）工业智联网云平台，如图1-22所示，同时提供此服务框架给行业系统集成商。通过由边缘与云端形成的多层混合架构而触发的“云边端协同”效应，更能综合发挥“云端”和“物端”两者的优势，促进智联网基础架构迎来一次全面的升级。

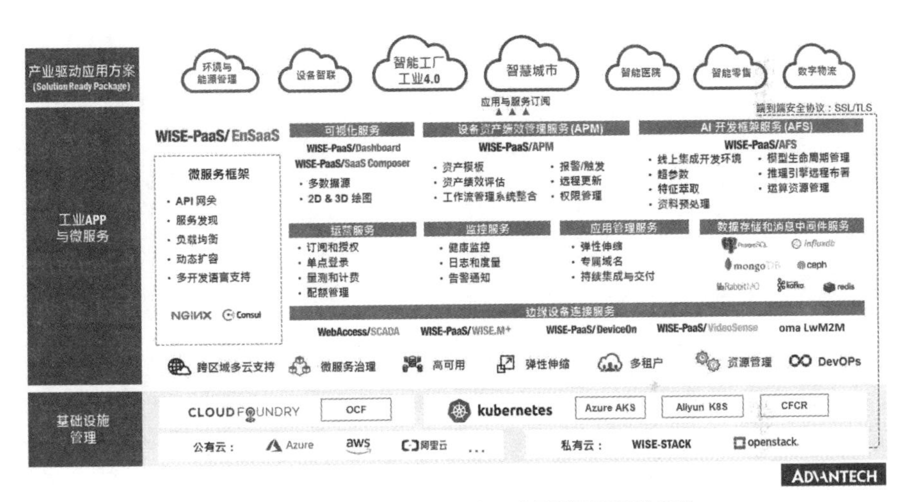


图1-22 研华WISE-PaaS工业智联网云平台架构

## 【本章总结】

本章我们重点讲述智联网思维的三种底层思维，它们分别是智联网的底层逻辑：数字孪生；智联网的基本框架：CPS；智联网的实现手段：云边端协同。智联网是整个社会科学技术、思维模式等演进到一定程度的成果，只靠这三种底层思维还远远不够，但是它们却是构建万物智联的数字世界"塞坦博"星球的基石。

互联网经历半个世纪的发展，仅仅挖掘了数据价值的1%，目前正处于智联网起步阶段，智联网的世界格局尚未形成，智联网思维的底层思维将是智联网未来发展的依据和向导。依托于本章探讨的智联网思维的"基石"，智联网将如何应用到实际中呢？下一章我们将继续探讨智联网思维在产品中的应用。

## 【精华提炼】

### 1. 数字孪生

数字孪生是指利用多种软件系统和信息化技术，构建一套完整的、与现实世界互相对应的数字化模型，通过在虚拟的数字化世界当中充分模拟、分析和比较现实世界的物理场景，利用模型之间理想化的"孪生"特征，以数据的形式体现和模仿现实世界的硬件设备，从而通过数字世界支撑对物理世界的各项决策。

数字孪生正在成为一个企业走向智联网时代的标配，它在生命周期的不同阶段引入不同的要素，形成了不同阶段的表现形态，包括以下几个阶段。

- 设计阶段的数字孪生；
- 制造阶段的数字孪生；
- 服务阶段的数字孪生。

### 2. 信息物理系统

信息物理系统CPS着眼于将物理设备联网，也就是将设备连接到互联网上，让物理设备具有计算、通信、精确控制、远程协调和自治5大功能。CPS的3个核心元素包括通信（Communication）、计算（Computation）和控制（Control），值得注意的是，CPS把“通信”放在与“计算”和“控制”同等的地位上，因为在CPS强调的分布式应用系统中，物理设备集群之间的协调是离不开通信的。

根据智能化和自组织的等级，信息物理系统被国内外学者们分为4代，即：

- 第0代CPS：封闭物理系统和流程；
- 第1代CPS：自调节与自校正；
- 第2代CPS：自感知与自适应；
- 第3代CPS：自认知与自进化。

目前我们正处于从第1代向第2、3代的演进过程中，工业4.0的核心是第2代CPS。

### 3. 云边端协同

云边端协同定义了智联网的计算架构，通过互联网上的云、边缘的计算，设备端的计算，三者联动构建智联网的核心计算能力。云边端协同是物理世界与数字世界融合的支撑架构，使人们可以随时、随地、透明地获得数字化的体验和服务，做出针对物理世界的最优决策。云边端协同的最终目标是在恰当的地点，恰当的时候，将恰当的信息提供给恰当的人。

除了需要关注一体化编程工具、金字塔型计算架构与应用推广，云边端协同还需要克服来自多个层面的障碍，其中最基础的障碍是对于“边缘”认知的不一致性。在智联网的实践过程中，有4种边缘值得格外关注，即：

- 网关型边缘；
- 中间件边缘；
- 终端型边缘；
- 混合云。

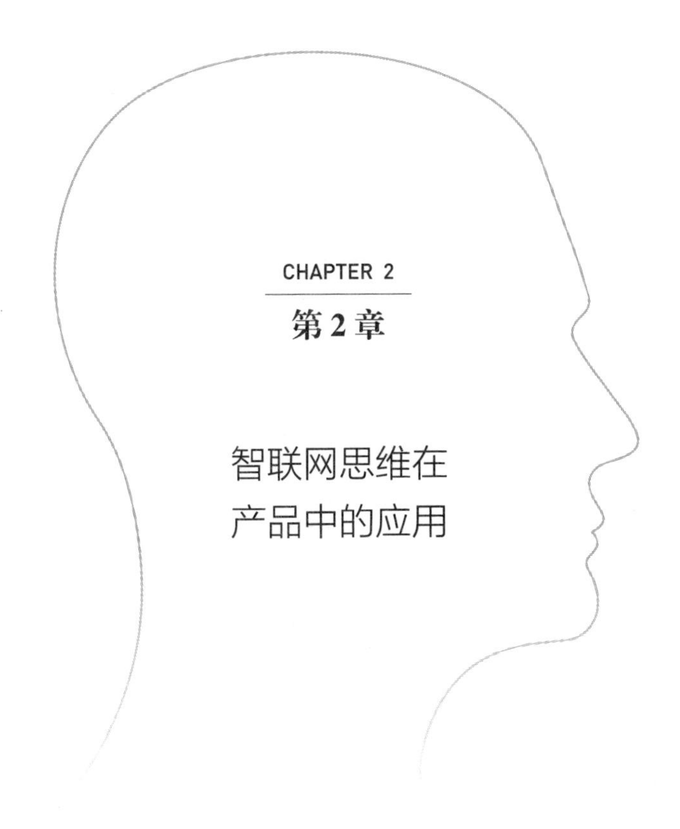

CHAPTER 2

# 第2章 智联网思维在产品中的应用

【问题清单】

- 你是否仍在传统产品的“舒适区”里经营着智联网产品？
- 智联网思维应用于产品，该解决什么问题？
- 智联网思维中的产品思维有哪些实践案例？

## 2.1 智联网从哪里来，到哪里去

你知道互联网起源于哪里吗？前人又是如何从零开始，建立起无处不在的互联网的？

1940年，为了迎击二战，美国麻省理工学院的数学教授诺伯特·维纳开始着手建立一套追踪伦敦领空的德国飞机系统。正如《科技的狂欢》书中描述的，维纳虽然怪，但是个难得一见的天才，他14岁就大学毕业，17岁获得了哈佛博士学位。

1941年，维纳向另一位麻省理工学院教授，范内瓦·布什提出了开发数字计算机原型的想法，这比1946年被媒体称为“大型计算机”的ENIAC的问世还要早5年。而这位布什也是一位大名鼎鼎的人物，他是信息论的创始人克劳德·香农的导师。

1945年，布什发表了一篇名为《诚如我思》的文章，这篇文章被认为是“万维网”的导语。布什的愿景是建立基于连接智慧的网络。布什科幻似的想法，预言了通过新技术，人们将能把整套《大英百科全书》制作成火柴盒大小，或将100万本书压缩至桌角大小。

1946年，第一台计算机ENIAC诞生，它占地1800平方英尺。1947年贝尔实验室发明了晶体管后，计算机的体积迅速变小，功能也更为强大。1967—1995年，计算机的硬盘存储量每年平均增长35%。英特尔公司不断成功研发出更快速的微处理器，证明了英特尔联合创始人戈登·摩尔的“摩尔定律”：芯片速度每年或每18个月会翻一倍——是有预见性的。

计算机技术将人类带入了数字世界，信息从此可以被转化为一串1和0，从而使计算设备能够极其准确地存储、复制信息。信息从此步入数字化时代。

当然，信息还需要在数字世界实现互联互通。

1964年，互联网之父保尔·贝恩在前人的基础上提出了分布式通信网络，被贝恩视为“公共基础设施”的计算机到计算机解决方案。基于他提出的“用户对用户，而不是中心对中心的操作”构想，颠覆了当时的模拟信号系统。

1966年，美国国防部开始试验将计算机连接起来，依靠贝恩的分散包交换技术，该实验团队制订了在4个站点之间建立实验网络的计划。

1969年10月，被称为“阿帕网”的网络已经基本可以投入使用。阿帕网的成功，生成了更多的包交换网络。同时，20世纪80年代初，个人计算机厂商IBM公司和苹果公司已经可以制造出人们能够买得起的配有调制解调器的台式计算机，令网络的普及成为可能。

1982年，美国北卡罗来纳州立大学的斯蒂文·贝拉文创立了著名的集电极通信网络——网络新闻组（Usenet），它允许该网络中任何用户把信息（消息或文章）发送给网上的其他用户，大家可以在网络上就自己所关心的问题和其他人进行讨论。

1983年在美国纽约城市大学也出现了一个以讨论问题为目的的网络BITNet，在这个网络中，不同的话题被分为不同的组，用户可以根据自己的需求，通过计算机订阅，这个网络后来被称之为“电子邮件群”。

同样在1983年，美国旧金山还诞生了另一个网络FidoNet，即公告牌系统。它的优点在于用户只要有一台计算机、一个调制解调器和一根电话线就可以互相发送电子邮件并讨论问题，这就是后来的BBS。

随着TCP/IP协议的提出和成熟，这些协议在1983年1月被加入阿帕网，通过TCP/IP协议人们在Usenet、BITNet、FidoNet等不同网络之间的通信成为可能。以上这些网络都相继并入Internet而成为它的一个组成部分，具有特定用途和特点的网络发展，推动了Internet成为全世界各种网络的大集合。

TCP/IP协议族的成熟在互联网的演进中起到非常重要的作用。两台计算机要通信必须遵守共同的规则，就好比两个人要沟通就必须使用共同的语言一样。一个只懂英语的人，和一个只懂中文的人，由于没有共同的语言（规则）就没办法沟通。两台计算机之间进行通信所共同遵守的规则，就是网络协议。

基于TCP/IP的全球电子通信规则促进了互联网的飞速发展。1985年有2000多台计算机能够联网。1987年，联网计算机数量接近3万台。1989年10月，这一数字上升到了15.9万台。

那些试图解开物质结构之谜的物理学家们，需要一种在他们之间传播信息的机制，从而形成了万维网的雏形。1991年，英国科学家伯纳斯·李搭建的网站正式上线了，这也是世界上的第一个网站，它向世人解释了什么是万维网，如何使用网页浏览器、如何建立一个网页服务器……

万维网的出现使人们能够非常方便地从因特网上的一个站点访问另一个站点，从而主动地按需获取丰富的信息。它的结构包括了三种元素：超文本标记语言HTML；超文本传输协议HTTP；还有一个统一资源定位符URL，能够调出所有万维网上的超文本文件。通过标记文件，并使用超文本将它们相互连接起来，万维网从根本上简化了互联网的使用。

万维网的整个蔓延速度只能用一个词来形容，那就是"惊人"。1993年全世界只有几个网站，到1998年网站的规模达几百万个，每6个月翻一番。随着用户不断增加，使自己的网页指向他们认为可能相关的信息，数亿网页通过一种复杂且任意的方式联系起来，形成了一种用于访问海量网络信息的有用机制。随着信息的改变，连接会变，网站被访问的频率也会变，这就使得网络成为了一个内容足够丰富的信息生态。

万维网的意义在于不仅将人的信息连接到互联网上，还使整个世界互动起来，全世界的人们以史无前例的巨大规模相互交流，从而彻底改变了人与数字世界，以及人与人之间的互动方式。想象一下，如果没有万维网，我们便不会生活在这个互联社会；如果没有万维网，百度、阿里巴巴、亚马逊、Facebook以及其他千千万万我们每天常用的网站、网络公司都将不存在。

万维网的出现大大促进了经济的发展，仅在美国，数据就已经非常惊人了。根据美国商务部的报告，1995—1998年，信息技术对美国经济的增长至少贡献了三分之一。

现在的互联网，已经不是Internet，而是Internet of Internet即“互联网”的联网。随着互联网和计算机技术的持续演进，人类正在引发一次从物理世界到数字世界的变革。

## 2.2 智联网还有多远

如果用互联网作为映射，那么智联网现在处于什么阶段?

各种新型传感器技术、低功耗通信芯片、人工智能芯片正在将物理世界中的各种物体带入数字世界，物的信息正在步入数字化时代。人们的互联通信需求相对统一，在将联网对象从“人”扩展到“物”时，由于物体的类型千差万别，增加了不小的难度。

现阶段，物的信息是否在数字世界实现互联互通了呢？答案是，还差得很远。

解决“物”的通信需求，不仅仅是提出类似于TCP/IP这样的网络协议，还需要解决数据获取、连接与传输，以及由数据所传递的语义解析和互操作的问题。目前，即便是同一类型的智联网设备，数据之间真正意义上的互联互通还难以实现。你的“大米”智能家庭系统、我的“橘子”家庭生活平台、他的“芝麻”智能硬件生态……系统、平台、生态，这些字眼虽然很大，其实还只是处于群雄割据的意识中，属于第一轮“春秋战国时代”，构成的是碎片状的“联网”，还没有达到规模化的状态，也就是说，还处于Usenet、BITNet、FidoNet等不同网络之间的通信没有形成的阶段。

在此之上，智联网的意义不仅在于将物的信息连接到互联网，更重要的是让整个物理世界按照一定的规则互动起来。让物体与物体之间，产生前所未有的巨大规模的相互交流，改变物理世界内部、物理世界与数字世界之间的互动方式。也就是说，在实现万物互联之后，更重要的是触发物体之间的“万维网”，不仅要将物理设备连接到互联网上，还需要让物理设备具有互联、智能、自治的能力。这种意义上的“万维网”将远远超越现有网络的规模，将整个世界中的人与物彻底互联起来，最终实现智联网。从目前的进展来看，第1章中提到的CPS信息物理系统，是最接近物体之间“万维网”的一种形态。

在智联网的整个推进过程中，势必需要赋予物体智能，从被动受控到主动决策，如同万维网改变了人与人之间的互动方式一样，CPS将会改变整个物理世界中，人与物、物与物、物与数字世界之间的互动方式，并最终影响到人与人之间的互动，通过数字世界完成对物理世界的改造。

每一次重大的技术变革都预示着产业格局的演变，也会促成主流企业的重新洗牌。智联网的产业链一旦形成，对现有信息产业的影响将是颠覆性的。根据分析，这一变化将会从企业级市场率先切入。

但是，智联网具有自己的固有发展周期，这点将与互联网产生本质性的节奏差异。首先智联网企业大多由传统企业转型而来，制造成本和销售成本相比互联网企业来说，存在量级上的差异。其次，智联网的行业颗粒度细小，即便是同一类型的产品，不同公司的型号和功能也会有所不同。用户的选择五花八门，某些市场中甚至不存在占据绝大多数比例的主流用户。因此不太可能存在类似于互联网企业覆盖整个市场的前提假设，赢家通吃的难度很大。凡是按照互联网的速度推进智联网发展的企业，大多都难免存在拔苗助长的隐患。因此，万物智联的“赛博坦”星球的建设不能一蹴而就。

虽然受制于制造成本、销售成本和产业周期的制约，但并不意味着传统企业就忽视对于研发的投入，以及产品快速迭代的重要性。知名博主宁南山研究了2015—2017年，中国对各个产业的研发投入的情况。其中，计算机、通信和其他电子设备制造业不出预料位列第一，而电气、机械和器材制造业的研发投入居然超过了汽车制造业，排在了第二位。以徐工集团为例，2016年之前是没有生产起重机控制器能力的，由于国外供应商一直拒绝将最新的控制器卖给徐工集团，导致徐工集团需要对产品性能升级的时候，受制于控制系统的性能。这个控制器国外供应商提供的价格是7万元。当得知徐工集团组织研发该控制器时，供应商甚至威胁徐工集团希望停止研发。最终，徐工集团在2016年成功自主研发出控制系统，而价格仅为进口产品的一半。对现在有耐心，对未来有信心。传统企业拥有持续改进和研发的基因，假以时日，各行各业的智能化转型将会占据主导优势。

有了互联网的实践基础，可以预见智联网的进化时间势必有所缩短。在智联网的演进道路中，会诞生哪些有价值的公司呢？这里援引清华大学计算机系温江涛教授的分析如下。

（1）生产和销售网络路由器的企业，比如思科公司。互联网发展的早期，由于不同网络设备采用的网络协议五花八门，而且互不兼容。每家公司都要推广自己采用的协议，没有哪家公司愿意为别家公司做路由器。因此思科推出了一种能够支持各种网络服务器、各种网络协议的路由器，并且将旧金山的金门大桥提炼为自己的商标，其本意是架起连接不同网络的桥梁。在智联网领域也会有类似的公司，而且事实上这些公司已经存在，比如各种针对智联网和传感网，提供通信协议及其设备的公司。

（2）制造和销售互联网设备硬件的企业，比如IBM、戴尔、联想等公司。在最开始，IBM仅仅是一个计算机制造商，因为有了IBM的推广，计算机才从科学计算领域扩展到商业领域和人们的日常生活中。随着市场的变化，IBM不断优化自己的业务，从以销售设备、硬件为主的公司，转变为IT信息化项目咨询与服务的公司。回到智联网时代，今天制造传感设备、智能家电、智能互联设备等硬件的企业，与IBM等公司的早期阶段类似，这类企业能否像IBM公司一样，完成商业模式上的转变?

（3）提供互联网软件的企业，比如Novell、甲骨文等公司。40年前，很难想象一个计算机公司不生产硬件，而只开发软件，然后靠软件的授权使用费生存。甲骨文没有自己的硬件，如果想在市场上扎稳脚跟，必须有硬件厂家愿意捆绑它的软件，并接受将软件和硬件解耦的分工机制。最终时间证明，这些软件公司不仅可以独立于硬件公司存在，而且靠卖软件的使用费可以获得比硬件公司更好的发展。如今在智联网领域，Salesforce、PTC等公司都在朝这个方向迈进。

（4）提供个人计算机操作系统的企业。在计算机的起步阶段，各种不同的计算机使用的操作系统并不相同，但最终都被微软一统江湖。在整个IT领域，微软永远是所有公司最可怕的竞争对手。可以说微软让整个互联网意识到，计算机赚钱的部分不仅有几千元的硬件，还包括几十元的软件。现阶段智联网的操作系统和公司包括华为OceanConnect、通用电气Predix、西门子Mindsphere、中国移动OneNET、研华科技、艾拉物联、云智易、机智云等。

（5）为用户提供联网服务的企业，比如中国的瀛海威，美国在线AOL等。时间证明这类公司并不适合在互联网领域长期发展。瀛海威和AOL采用封闭和收费的方式并不是互联网的发展之道，开放和免费更加适合互联网的游戏规则。AOL从发展付费拨号用户入手，很像收取电话费的模式，每月数十美元外加一些附加费用。按照这种模式发展下去，互联网很难得到大规模迅速普及。与之相反，雅虎采用了开放和免费的思路，流量以几何级的速度增长。事实证明雅虎的做法更适合互联网，上网费用随着时间递减，而门户网站的广告收入却在递增。

（6）互联网搜索引擎，比如百度、谷歌；使用互联网做电商的公司，比如亚马逊、eBay、阿里巴巴；互联网社交服务公司，比如腾讯、Facebook、领英、推特。这些企业之所以被归到一个大类，是因为它们都在围绕由互联网创造的内容提供相应的服务。随着互联网上的内容越来越多，通过把握人们整理和搜索互联网内容的需求、减少买卖双方中间环节和沟通成本的需求、利用互联网完成沟通与社交的需求，互联网领域诞生了多种多样的公司，并且大多数取得了飞跃式的发展。在智联网领域，是否会诞生这一类企业，尚处于探索之中。

（7）使用互联网为各行各业提供增值服务的企业，也可以说，各行各业都在使用互联网这一工具改造传统的服务流程。比如网上银行可以让客户在任何时间、任何地点，采用任何方式使用银行提供的便捷服务；网络学堂把课堂搬到了线上，用一块屏幕连接学生与老师，传递和共享优质的教育资源；生活服务类公司如美团等平台连接线上与线下，降低成本，增进与客户的互动和了解。最终，在智联网领域，或许将会触发各行各业的产业格局发生更加深入的变化。

因此，可以说智联网不是互联网的简单延伸，而是立足于互联网之上的一个全新领域。由于智联网中的联网物体千差万别，具有碎片化的特性，因此智联网的企业类型将会远远多于互联网创造的企业种类。诚如《奇点临近》的作者所言：“一项发明必须能在其完成时的世界里发挥效用，而不是在它开始时的世界里有效。”当你在开发产品时考虑的是不远的未来，而不是拘泥当下的话，就能大幅提高成功的概率。

新型产品思维是智联网思维的核心之一，这是一种截然不同的系统化产品设计与运营思路，现在几乎所有行业都离不开数字技术和产品创新，产品经理需要运用互联网手段和敏捷方法塑造用户体验。可迭代地持续分析和智能推动产品系统的不断发展，如DevOps将产品的更新与迭代周期降低到每月、每周，甚至每天、每小时。

就像飞行员必须了解在飞机失速和下坠时，应以机头对准地面加速前行的反直觉措施来处理问题一样，想要驾驭新型产品思维，更需要适应智联网的“飞行”环境。智联网思维中的产品思维有些与直觉相符，有些则反其道而行，有些我们已经熟知，有些我们还需要训练、思考和推演，直到这些思维固化成一种习惯，以应对变幻莫测的未来。

智联网是具有更高智能的物联网，对于物联网来说，英文释义是Internet of Things，连入Internet是必须的。智联网时代，万物互联和“连接”也是必须的，由“物”的数字化产生的数据必然呈爆发式的增长，而这些数据则是数字世界支撑物理世界决策的依据，是智联网底层逻辑数字孪生的进阶。智联网系统最终要能达自组织、自适应乃至自治的状态，就需要智联网具备高度模块化能力，通过模块既能快速融合又能快速分解。从各种技术的协同发展角度来看，智联网完成的是各种技术和各种工作的跨界融合，要想促进这种融合，采用的思维方式恰恰是需要反其道行之，退一步，先解耦，再融合。因此“解耦”这种思维模式对于推进跨界协同的发展至关重要。

因此，在本章将解读智联网思维中的产品思维，即联网思维、乐高思维和解耦思维。

## 2.3 联网思维：从实体到虚体

联网思维与互联网思维有所不同。传统企业“触网”一般是按照从易到难、从上到下、从外到内的方式演进。基本的路线是：第一步，让“未触网”企业联网，解决企业信息传递到互联网的问题。第二步，形成“触网”企业的网络传播与推广，也就是解决营销层面的互联网化。第三步，渠道层面的互联网化，针对已经从事电商和正打算从事电商的企业，实现进货渠道与销售渠道的网络化，企业还可以实现网络的代理机制，或者把传统的代理渠道移到网络上。如近两年比较火的微商就是代表。第四步，服务层面的互联网化，让产品具备互联网属性，采用众人参与的模式，引导消费者参与产品设计，通过交流、试用与代言等方式，将消费者参与的过程最大化。

让产品最终具备互联网属性，看起来很容易，但在实践过程中，会发现每一步的推进过程越来越难，需要一种从下到上、从内到外、迎难而上的全新思维与互联网思维相配合，这种全新思维就是智联网的联网思维。联网思维首先需从企业内部入手，解决设备联网的问题，有了这个根基，才有了进一步朝向智能化发展的可能性。其次，联网思维涉及从下到上的思维切换，来自一线、来自边缘、来自场景的联网需求应当被优先满足，直达业务痛点，也是提升产品核心竞争力最有价值的做法。

联网思维只是智联网产品思维的一部分，理解智联网思维的产品思维，首先需要明确智联网与传统软硬件一体化系统有何区别。

软硬件一体化系统屡见不鲜，以楼宇自控系统为例，它是针对楼宇内各种机电设备集中管理和监控的综合系统。楼宇控制系统主要包括空调新风机组、送排风机、集水坑与排水泵、电梯、变配电、照明等。楼宇控制系统是否属于智联网的范畴？我认为不属于。那么智联网与这些传统方案从思维模式上有哪些区别？理清这些内容，对理解智联网的思维方式有很大的益处。

智联网中有三个关键词，智慧、互联和网络。以楼宇自控系统为例，传统楼宇控制系统中，包含的能源管理系统、停车管理系统、办公自动化系统、空气调节系统等虽然也构成网络，有些也能接入互联网，但是与智联网中网络的规模是有很大差距的。楼宇控制系统中的各个网络呈现的是点状或者片状，只有当这些系统规模化、普及化，并且彼此之间打破孤岛状态，通过网络来实现系统与系统之间的互联和通信，才能形成智联网的基础架构。所以星星点点、彼此分隔的联网系统并不是智联网。

更进一步地说，智联网的主要特点就是它突破了只有人对机器进行控制的模式，减少了人为干预，提升了系统的自适应能力，降低了系统的不确定性，具备智能的设备之间也可以通过网络彼此共享信息、协同运作、相互操作，乃至实现自治。

因此单纯的信息化、数字化和智能化都不足以构成智联网，智联网需要彼此之间形成合力，而将设备互联是一切的基础，正如此前所述，此处谈及的联网思维与单纯互联网企业提到的思维模式是存在一些差异的。

### 2.3.1 舍得在“数据采集侧”下笨功夫

互联网企业和IT企业往往采用“从上到下”的视角来审视智联网的发展，它们的“势力范围”一般只覆盖到各种网关之上，经由网关起到底层设备与云端“大脑”之间的通信连接作用。这种思路看似找到了一条直通智联网“最后一公里”的捷径，实则缺少的是在各种产业应用场景中，对于运营技术和工艺层面的理解。

没有数据，智联网就是无本之木，无源之水。现实情况是，智联网中由各种设备组成的物理世界在网关之上只展露了冰山一角，更大的奥秘蕴藏在网关之下。一旦进入这个真实世界，采用“从下到上”的视角观察，你会发现各类产业的应用现场充满着多源设备、异构系统，环境相当复杂。

以工业现场为例，受制于传感器部署不足，存量装备智能化水平低，工业现场的数据采集一直是推进工业信息化进程中的一个难点。现场设备种类繁多、通信协议纷繁复杂、年代久远的设备又缺乏网络通信的软硬件条件……这些都为现场设备层的数据获取增加了很大困难。

而真正的聪明人，都在暗下“笨功夫”。有人正在从工业现场中随处可见的“铁疙瘩”入手，谋求脚踏实地的发展。比如可穿戴设备，将原先不可记录和追溯的个人健康等体征信息带入数字世界，这些工业企业采集的是机械传动部件的内在“体征”数据，把它们作为利基市场中智联网的改造对象，原创性地从中提取数据进行分析。

2017年年底，日本东京机械要素展上首次亮相的一款联轴器产品（见图2-1），虽然和普通的联轴器在外观上并没有什么不同，但它其实是一款自带感知能力，内置转矩检测功能的智能型机械传动产品。

图2-1　自带感知能力的智能型联轴器

不要小看这一小步的改进，在我们的生产设备中，包含大量的机械零部件，尤其是那些帮助设备实现运转的各类传动组件，如联轴器、减速机等，它们在设备运行过程中的各种数据状况，对设备的生产运营管理和决策来说，是十分重要的。

谷歌实验室GoogleX的负责人泰勒说："尝试做一样新东西，做法无外乎两种风格：一种是小幅变动，往往得到的就是10%的成果。但如果想要获得真正的革新，你就得重新开始，尝试其他方式，打破一些基本假设，甚至有可能要打破常规，违背常理。"

在工业现场也有两种做法，一种是在已经产生了数据的地方，从网关或数据采集与监控系统SCADA中把数据读取出来，通过云端进行分析，获得比原来提升10%的收益。另一种是在原先没有数据的地方，想办法把数据采集起来，完成从0到1的突破。后者即使取得的效果不如原来的10倍好，起码这是一种更有价值的探索方式。

这款联轴器产品便属于后者，它借助传动链中的机械传动组件自身具备的运动感知能力，将检测到的运行状态信息实时反馈给设备系统，帮助设备在运行时获得实时的有关传动轴的预防性维护数据。在不增加太多应用成本的情况下，该做法为企业提供了更丰富的设备诊断监测数据。

### 2.3.2 "哑设备"和"铁疙瘩"是联网思维的处女地

除联轴器这个"铁疙瘩"之外，ABB、西门子、SICK等公司也在尝试改造从前的"哑设备"，在原本没有数据的地方创造并提取数据，这些公司选中的对象出奇的一致，那就是随处可见的低压电机。

ABB给电机做了一款"可穿戴设备"，直接安装在电机的外壳上，通过蓝牙和智能手机直连，由手机担任网关将电机的数据上传到ABB Ability云平台进行分析。这款电机不仅可以通过图2–2所示的信号链监测温度、振动、能耗等状态，还可以根据振动频率，计算当前电机的转速和加速度。一旦参数偏离标准值，智能传感器就会发出警报通知操作人员，从而达到持续监测与实时响应的目标。这款产品缩短了70%的电机停机时间、延长了30%电机寿命、节省10%的耗能。

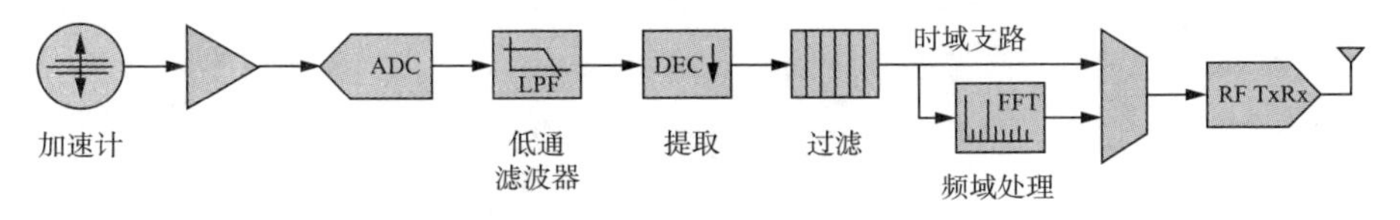


图2-2　典型信号链的振动监测

对于现有的存量电机，都可以通过这款智能传感器产品迅速完成“数字化”，将市场中数百万台的电机转化为智能互联设备。

当然不可否认的是，这款产品还有很大的提升空间。目前该产品以“小时”为频度测量电机状态，最多可保存一个月的相关数据，通过蓝牙4.0与手机手动直连，电池寿命为3 ~ 5年。未来它将通过工业网关自动实现与云端的通信，并拥有更为长久的电池寿命和更为强大的边缘运算能力。

西门子的做法与之类似，由新一代Simotics SD和配件系列实现电机的数字化。其可穿戴传感器产品还处于概念阶段，并未有实物推出。在西门子的描述中，这种全新的智能电机通过接入IIoT云平台MindSphere，使用户可对电机状态进行简便分析，确定维护方案和时间。

使用单个“可穿戴设备”检测电机的振动，这是一次很有意义的革新。它整合了传感器技术、网络通信技术，以及云平台技术，完成了在线、动态、实时的状态监测。由于可以直接从电机中获得一手信息，不仅能够实时检测状况，还能根据反馈数据的变化趋势，提前对可能出现状况的相关环节采取预防措施，减少设备的意外停机，并提升生产效率。

但由于该智能传感器位于电机外壳，犹如隔着衣服听诊，难以对轴向和径向的振动做出准确区分，状态监测的效果尚待验证。

我们都知道货币的时间价值，即现在的一块钱比未来的一块钱更值钱。工业数据的时间价值更加明显，当下这个微秒检测到的数据，其价值与下一秒、下一分钟、下一小时检测到的数据价值有天壤之别。一旦检测到气体泄漏或者机械故障，就要立即采取行动，防止灾难性事故的发生。时间敏感型数据的价值在解读之时便进入了衰减周期，延迟越长，决策价值越低。

联轴器、减速机、电机，这些传动部件接入智联网，带来的价值提升可想而知，这一趋势刚刚浮现，未来将有无限的可能。

过去针对传动设备的状态监测属于“王谢堂前燕”，主要应用于大型机组，比如柴油机、发电机、风机等装备，成本极高。工业现场中广泛使用的低压电机一般采用停机时静态检测，手动测试的方法完成日常监测，不仅耗时耗力，而且耽误生产。凭借边缘智能传感器的快速发展，让数据频率分析可在信息离开节点之前完成，同时及早判定信号内容。一些高阶计算模块可以执行快速傅里叶变换、有限脉冲响应，并使用智能提取，缩小抽样数据的范围。因此现在通过智联网，低压电机也有能力实现以前成本高昂的状态监测，令其开始“飞入寻常百姓家”。

### 2.3.3 联网思维应当解决什么问题

美国辛辛那提大学的李杰教授在《新一代工业智能》一书中论述四次工业革命的本质时指出，每一次革命的本质是生产关系的变革，背后的原因是以前的生产关系束缚了生产力的发展，每一次革命都使得生产要素的内涵发生了变化，改变了生产力的决定性要素。

第一次工业革命发生的背景是依靠人力为主的生产系统遇到了发展瓶颈，于是以蒸汽机为代表的新动力机器应运而生，机器成为连接人力与工作之间的媒介。

第二次工业革命发生的背景是大规模生产工业品的效率很低，能源的获取成本很高，于是电力成为基础设施和公共资源，廉价而易得的电力接入工业场景。

第三次工业革命发生的背景是随着工业产品的复杂性和精确性的要求越来越高，生产线需要有能力在复杂的环境中连续稳定地生产精密的工业产品，因此数字技术和信息技术被广泛应用于工业系统，产业链上下游的企业开始互联互通、彼此协同。

第四次工业革命发生的背景是随着人类从稀缺经济走向富足经济，消费者对个性化产品的需求需要更多的人类知识融入生产过程，但目前人类知识的产生与利用效率还不能完全满足生产系统的要求。

过去物资匮乏，我们几乎感觉不到产品上限的存在，对制造业的要求只有一个："玩儿命造"，但现在，我们开始够到这个"天花板"了。因此，未来的制造业要从量的竞争转向"质"的争夺，即需要满足无数不同类型用户的多元个性化需求。

我们可以按照两个维度来划分用户的这种个性化需求差异：

- 消费能力导致的功能差异；
- 个人爱好带来的品质差异。

过去制造业赖以生存的规模效应消失了，在小规模生产的前提下，产线投资和运营成本都无法被继续摊薄。解决这个问题的方法，听上去似乎很简单，就是用一条生产线去生产多品种的产品。但随着细分品类越来越多，个性化产品将会越来越多。

为了提升个性化产品的性价比，实际操作起来，就是将产品制造配方化。进一步拆分，将会触发以下三个层面的变化。

（1）需求预测社交化：为了能够快速精准地向市场投放各种不同品类的

产品，需要将产品营销社交化，并基于此获得用户行为的数据，以分析结果作为产品制造指令的依据。

（2）生产设备联网化：生产制造系统需要根据用户需求，频繁地向每个具体设备下达各种特定的运行指令。只有基于联网设备，才能实时获得运营数据的反馈，推动设备运营效率的提升。

（3）运营管理数据化：个性化产品的生产对企业的管理也提出了挑战，管理层需要随时了解与产品相关的各种运营情况，如库存、货期、品管等信息，并建立分析和决策机制。而这些“分析”需要建立在一个统一的，长时间持续积累的大数据管理平台上。

综上所述，第四次工业革命并不是一次效率革命。《富足》一书中指出，随着技术的发展，我们将走进一个富足的世界，在那里“使用”将胜过“拥有”。在这次工业革命中，我们一方面需要将更多的人类知识提炼并融入生产过程，赋予设备智能；另一方面需要将生产制造与消费“商流”打通，将消费者的个性化需求融入生产过程。

为了实现以上目标，第四次工业革命需要更多的互联与融合，需要更多智联网技术的融入。所以，在2011年，当三位德国教授提出“工业4.0”时，他们将倡议的全称确定为：“工业4.0：物联网铺就第四次工业革命之路”（Industrie 4.0: Mitdem Internet derDinge auf demWegzur 4. industriellen Revolution）。

当我们看待这一次工业革命时，联网思维需要解决什么问题？一是知识的融入，二是商流的打通。

当更多的知识能够融入生产过程，流水线具有足够的柔性之后，将消费者的角色融入制造流程，打通商流才显得更有意义。这个阶段的主要思想是，通过C2M（Customer to Manufacturer）模式让消费者参与到产品设计与研发环节，每一位消费者的合理建议都可能成为产品的一部分，一定比例的产品功能和性能由消费者决定。消费者成为产品设计研发组的成员，由于产品满足了消费者的深度需求，这些消费者将会是这个产品的忠实用户。

## 2.4 乐高思维：从整体性到模块化

### 2.4.1 乐高思维与模块化产品设计

智联网企业需要一种“超能力”，随时抓住用户需求，并以最快的速度将其转化为产品。这里，来自乐高的思维模式或许可以供我们借鉴。

乐高，是丹麦一家拥有80多年历史的玩具企业。乐高是“模块化”的先驱者，乐高模块具有上千种形状，每个形状都有12种不同的颜色，多个模块自由拼插即可变化出丰富的造型。乐高思维是模块化设计思想的体现，它将设计分解成小的模块，然后独立设计，最后再将它们组合成更大的系统，就像小朋友玩的积木一样，由一些简单的零件组成小的模块，然后再组合成各种模型样式。

在智联网时代，每个人都需要具备的就是“乐高思维”，根据市场需求，将产品分解为小模块，独立设计，快速迭代，以“少变”应“多变”。这里的模块，在广义上可以包含所有可组合、可替换、可变型的单元，进而由这些单元构成上层系统。比如整机、部件、零件、结构单元等都可以被视为系统中的模块。

在我们的生活中，已经到处可以看到模块化设计的例子，比如汽车、电脑、家具等都是由一些零件组合成小部件，然后再由这些小部件组合成模块，再由模块组合成产品。这些部件可以更换、添加、移除，而不影响整体设计。

乐高思维具有哪些明显优势呢？总体来说包含三点，即可复用、可延展、可互换。

（1）可复用。

单个模块高度可复用，这是提高产品设计效率最重要的特性。模块是产品知识的载体，模块的复用就是设计知识的复用，大量使用已经过试验、生产和市场验证的模块，可以降低设计风险，提高产品的可靠性和设计质量。一般来说，可复用模块的占比越高，产品的稳定性越好。

可复用还意味着用户可以在相似场景下快速上手，减少学习的时间和成本。厂商也可以在快速推出产品的同时，最大程度地保持用户体验的一致性。

（2）可延展。

通常情况下，在设计时都会考虑到模块的可延展能力，即对同一功能模块，根据需求和场景的不同，可以做到兼容一定范围内的差异化。模块延展性基于对业务的合理预估，包含对信息数量、内容参数、视觉表现等方面的宽容度。

（3）可互换。

模块一般保持接口的一致性和对外信息结构的统一，以保证在和其他模块组合时，不在全局信息结构上发生变化，实现快速互换，而不用调整其他模块的构成方式。就像乐高积木，无论单个乐高的形状如何，都能够很好地衔接。这一点在智联网产品中可表现为，在不同产品模块之间实现快速互换，满足不同业务模式的差异需求。

在智联网的产品研发过程中，乐高思维已经在智能硬件、机电产品中大量应用，并在推进智联网平台和应用的过程中，逐步渗透。还有一些智联网公司，正在把乐高思维扩展到生产制造和服务设计的过程中，有些看似和模块化根本不着边际的领域，也在尝试实践乐高思维，以提高自身的创新速度。

## 2.4.2 乐高思维的案例：费斯托的动物机器人“家族”

智联网的“爆品”往往温润而不扎眼，乐高思维的典型案例还得从一家接近百年的老店说起。

德国有一家诞生于1925年，但非常不务正业的“老顽童”企业，名叫费斯托。最近几年，费斯托总是在汉诺威工业博览会上“搞事情”，接连推出一系列仿生学产品，如机器鸟、机器章鱼、机器昆虫、机器大水母之类。这些动物机器人“家族”的成员不断壮大，大有成群结队的趋势，如可以协同工作的机器蚂蚁，以及一批具有昆虫性能的蝴蝶机器人。

这些仿生机器人在明确的规则下一起工作，它们彼此沟通，协调行为和动作，每个机器蚂蚁虽然自主决策，但却总是服从于共同目标，就像自然界的蚂蚁一样。除了上面提到的各种动物机器人，费斯托还推出了唯一一款“正经”的协作机器人、一部机器手，从外表上看，它倒是与市场上的同类产品并无二致。

大家可能会认为协作机器人只是一堆外形奇特的气动“大玩具”，概念和炫技的成分超出了产品本身的实用价值。而真正蕴藏玄机的，恰恰是乐高思维。这些“大玩具”的执行单元，它们都由一款模块化的“爆品”控制——数字式气动运动控制。换句话说，驱动和控制这些机器动作的其实是气体动力，而不是传统的永磁伺服电机。

每种协作机器人都包含多个关节，分别对应多个自由度，每个关节都包括气动旋转叶轮模组、绝对值编码器、压力传感器、可调节轴承等元件。面对如此复杂的系统，在实现复杂的动作时，其动力控制机构仅是一套数字式气动运动控制终端。

这款数字产品堪称革命性的气动控制产品代表，它通过数字化将连接到各类气动执行机构的动力控制硬件减少到只剩一种，同时省去了可调比例压力控制阀，两位四通、三位四通、两位三通等多个阀岛模块，节流止回阀、耐磨缓冲器等极大地简化了气动控制系统的硬件架构，可以通过数字信号实现气动阀模块的50多种应用功能。

与最初看似无用的仿生学产品相比，这款将乐高思维发挥到极致的数字化气动产品，应用场景非常广泛，其创新的优势不言自明。所有的气动控制功能，都可以通过对阀模块的应用组态和参数配置来实现，不仅降低了应用和集成的总体成本，减少了能耗，还能提升系统运行效率，为远程预测性维护提供服务。

### 2.4.3 乐高思维利于持续迭代

当从整体性视角设计产品时，升级迭代过程中存在着很多痛点。比如产品上市之后，一旦设计发生变更，零部件的型号和模具也要随之变更，造成了巨大的浪费。根据风神物流（Fengshen Logistics）针对汽车行业中包装器具的统计分析显示，对车企而言，车型迭代以后由非模块化零部件导致的包装器具成本增加15%～25%。对于部件供应商的成本影响更大，包装器具的成本增加20%～27%。

由于乐高思维将产品中的每个模块独立定义和研发，因此更有利于从单个模块层面进行持续迭代。况且在智联网时代，很多事情需要被重新思考和定义，将产品拆解为不同模块，还能降低整体的研发风险，从而以更好的姿势在智联网的“无人区”中迎风狂奔。

智联网中的数据绝大多数是时序数据，与我们通常所讲的互联网大数据有不少差异。第一，智联网大数据源自企业内部，而非互联网个人用户；第二，智联网数据采集方式更多依赖于传感器，而非用户行为或录入数据；第三，数据服务对象是企业，而不是个人；第四，就技术而言，传统的企业IT技术已无法提供相应的分析应用，需要借鉴和采用互联网大数据领域成熟的技术；第五，智联网大数据让企业改变了原先对数据的看法，使得那些看似无用的数据重新得到了重视，并且切实改进了企业的生产、销售、服务等流程。

时序数据库的出现，主要是为了解决关系型数据库不太擅长的领域，包括：

（1）海量数据的实时读写操作。工业监控数据要求采集速度和响应速度均是毫秒级的，一个大型企业拥有几万甚至几十万监测点都是常有的事情，这么大容量的高频数据，如果用关系数据库进行存储，很难进行每秒几十万次的数据读写操作。

（2）大容量数据的存储。由于数据采集是海量的监控数据，如果用传统数据库存储，将会占用大量空间。如用关系数据库保存10 000个监测点，每个监测点每秒钟采集一次双精度数的数据，需要5 ~ 6TB的空间，如果考虑其他因素再建立索引，则需要15 ~ 20TB的空间。时序数据库采用专门的压缩算法，对于20TB的数据只需500GB空间就能有效存储。

（3）集成了工业接口的数据采集。工业通信、传输的协议种类繁多，时序数据库一般都集成了大量的工业协议接口，可以对各种类型的工业协议进行解析和传输。

持续迭代让智联网企业可以及时把握用户需求，非常多的产品通过持续迭代，快速获得了市场的验证，并且及时改进，从量变到质变，从而获得巨大成功。下面通过一个故事，讲述一名创业者是如何锁定智联网中的一个“小模块”，持续迭代并乐在其中的。

陶建辉，一位美国印第安纳大学毕业的天体物理学博士，也是一位50岁的程序员，从1984年高一的时候开始编写Basic语言程序到现在，程序员的生涯已有30多年，先后曾在在美国芝加哥Motorola、3Com等公司从事2.5G、3G、Wi-Fi等无线互联网的研发工作。2016年，他发现IoT时序数据库这个细分的“小模块”可以大有作为。

具备流式计算能力的时序数据库在2017年前后渐热，出现了大量的开源和商业产品。陶建辉抓住开源时序数据库在智联网大数据处理上性价比低问题，开始搭建开发环境。熟悉开发工具后，他从2016年12月中旬起，持续两个月每天平均工作12小时以上，写下了一万八千多行代码，开发出了整个时序数据库的核心引擎。经过简单的对比测试，发现性能指标远胜MySQL、MongoDB、Cassandra、Influx DB、Open TSDB等知名时序数据库，比它们快了10倍以上。

随后，陶建辉创立了涛思数据（TAOS Data）公司，从此告别了一个人的战斗，走上了时序数据库的持续迭代之路。再之后，他的团队将一个时序空间数据引擎变成了一个可以对外测试的产品TBase，离真正商业化的产品又近了一大步。

陶建辉说：“无论今后的市场推广如何，我相信一定会有不少人喜欢这款产品，品味我设计和编程的美妙之处。如果20年之后，还有人在使用TBase的话，那时我一定会是这个世界上最开心的老头。如果儿子那时自豪地告诉他人，大家用的TBase的核心引擎是我父亲开发的，那便是我留给他的最大的财富。如果孙子还知道TBase和TAOS Data，那便是我给他最大的传承。我生命的最后一刻，希望还在计算机屏幕前。”

之所以喜欢分享这个故事，不仅因为陶建辉沉下心来聚焦于完善智联网中的一块乐高“积木”，还因为他把热情融入了时序数据库中，找到了热情与思维之间的绝佳平衡点，将热情转化为鼓舞人心的目标，并且持续迭代，日复一日，没有终点。

### 2.4.4 持续迭代，让量变到质变成为可能

任何一款互联网产品，只要用户活跃数量达到一定程度，就会开始产生质变，这种质变往往会给企业或者产品带来新的商机或者价值，这是人类进入互联网时代以来，由互联网创造的独有奇迹和独特魅力。在智联网阶段，这一从量变到质变的过程将被发挥到极致。

根据梅特卡夫定律，网络价值随着用户数平方的增长而增长，即与用户数平方成正比。在智联网时代，规模是网络价值的基础。网络上的“节点”即用户越多，网络的整体价值越大。同时，规模对网络价值的影响具有外部性，即规模越大，单个存量用户获得的效用越大。

随着新节点的接入，网络价值非线性增长，对原来的节点而言，从网络获得的价值也会越大。一般的资产，分享者越多，个体所得越少。网络则不同，根据梅特卡夫定律，由于网络价值与联网设备数量的平方成正比，价值增幅超过节点数增幅。所以，网络系统内节点越多，单个节点可以分享到的价值越大，不再是边际递减效应，反而引发的是边际递增效应。

智联网象征着重写游戏规则的破坏性创新，势必打破若干传统产业疆界的定义。就市场竞争而论，技术产品的领先者与关键资源的掌握者，在智联网的经济架构下，都可能享受到边际效益递增的优势。但在智联网由想象到落地的过程中，必然会经历一波波的严峻挑战，企业需要时时做好迎风破浪的准备。

### 2.4.5 乐高思维与解耦思维高度相关

乐高思维有利于加速团队分工，规范不同团队间的信息接口，进行更为深入的专业研究和不同模块系统的协同开发。模块意识的建立，可以实现企业组织结构与产品模块结构之间的交互，使并行工程拥有实施的根基。

乐高思维强调模块化和标准化，而解耦思维的重点在于，在原本尚处混沌的地方建立清晰分界和交互界面，因为“融合”往往起步于“拆分”。

历史上非常典型的一次解耦，由被誉为“空气动力学之父”的英国人乔治·凯利完成。他在《论空中航行》一书中，首次明确指出飞机飞行的“升力”机理与“推力”机理应该分开，应该用不同装置分别实现升力和推力，这为飞机的发明指明了正确的方向，并给后来的莱特兄弟提供了可靠的理论指依据。

在智联网时代，解耦思维的作用更加显著。

## 2.5 解耦思维：“拆分”与“融合”的统一

当智联网在很多产业落地时，IT（信息技术）与OT（运营技术）的融合正在逐步发生。那么，IT与OT的融合到底该如何实现？有时，后退一步是为了前进两步，从融合的“反面”进行思考，先做拆解和分离，从“解耦”到“封装”，再到逐步“融合”，也许才是从经典软硬件一体化系统走向智联网的发展道路。

有时，退一步海阔天空。

智联网赚不了快钱，因为它涉及IT、CT（通信技术）和OT多个领域。

首先，比较一下代表CT的通信行业和代表IT的移动互联网产业。为什么通信行业的发展速度慢，移动互联网却能快速演进迭代？很大的原因在于：通信行业有互联互通的基本诉求，所以它的发展要基于技术标准，制定技术标准需要多方协调统一，周期长、成本高。而移动互联网是在开放的通信技术以及通达全球的通信网络基础上的创新，具备一点接入服务全球的能力，不需要与其他企业互联互通，最多就是做一些接口标准和API，所以更能快速迭代、迅速扩张。

其次，与CT通信技术相比，OT运营技术需要渗透到更深层面的产业领域，涉及实体经济中身量更重的部分。OT的纵深层次很多，从控制中心、工程师站，到交换机、网关、控制器，再到变频器、驱动器，然后再到传感器、执行单元、仪器仪表、终端设备等，产品多、组合多、链条长，因此互联互通的难度更大，周期更长。

因此谈到智联网，往往与之相关的形容词是“碎片化”和“术业有专攻”。无论是底层的连接还是上层的应用服务，都特别强调专业化。即便是一家企业对智联网实施全面布局，也会将任务分派给OT、CT、IT等不同团队。

如何将这些团队彼此衔接起来，进而互相融合？正如本章初始所讲，退一步海阔天空，先让各个团队与各种工作彼此拆解和分离，做到“解耦”。

过去做硬件的人不用管软件，但是做软件的人必须兼顾。然而有了操作系统之后，软硬件便可彼此“解耦”，就是说，做软件的人可以不用兼顾硬件了。

提到操作系统，我们会第一时间想到运行在计算机上的Windows、Linux，以及运行在手机上的安卓和iOS。这些程序直接运行在“裸机”设备的最底层，是其他软件、应用运行的环境与基础。

众所周知，以安卓为代表的操作系统，通过虚拟硬件抽象层（见图2–3）实现了硬件和软件的分离和解耦，即所有的软件和应用开发者只需根据操作系统提供的接口编程，开发出的应用软件就可以运行在所有基于该操作系统的设备上，而无需考虑设备中各类硬件配置。

图2-3　安卓系统及其虚拟硬件抽象层

这里所说的“解耦”，其实就是在硬件抽象基础上的标准化。软硬件开发者彼此已经充分沟通，定义好了沟通边界和交互平面，达成共识。

如果我们能够参照这种思路，把“做OT的不用管IT，但是做IT的必须兼顾OT”，转变为“做IT的不用管OT了”，那么也就实现了IT与OT层面的解耦，从而创造一个IT与OT融合的第一个必要条件。

当然，在智联网通过虚拟化进行“解耦”的过程中会面临重大挑战，因为智联网不仅涉及上述IT、OT、CT不同领域，还涉及云端、边缘、端口多个层级。安卓操作系统中的“硬件虚拟抽象层”在手机中只涉及一层，而要实现智联网中“物理世界的抽象层”，则要复杂得多。这一点我们在本章的后面章节再进行详细论述。

操作系统的“解耦”思维体现在智联网时代便是智联网平台，智联网中的操作系统就是平台。未来将有数万亿的联网设备，网络经济规律将发挥重要作用，尽最大努力获取更多的联网设备支持是操作系统或者智联网平台推广的关键。

谁的解耦更彻底，谁的使用更便捷，谁的生态更丰富，谁将更容易触发平台、开发者与用户之间的“正反馈”。操作系统或者智联网平台应用更顺手，开发者们就会更愿意使用，让平台上的应用更加丰富，从而吸引更多的用户使用，在正反馈的激励下，围绕平台的生态圈自然越来越大。

## 2.5.1　物理世界的抽象层

操作系统并不是科技领域的独创，人类自古以来就建立了自己的“操作系统”，并且随着技术的进步，操作系统的含义也在不断演进。

人类的操作系统，即法律、规则和宗教等。这些操作系统中的指令通过人与人组成的社会关系，层层分发，层层下达。什么是计算机和移动互联网时代的操作系统？是Windows、Linux、安卓以及iOS等。这些操作系统调用的是计算机或者手机中的计算和存储资源。

那么，什么是智联网时代的操作系统？不是阿里的AliOS Things，不是华为的LiteOS，不是亚马逊的FreeRTOS，或者说不完全是，这些嵌入式操作系统只是完成了物理硬件的抽象，并不是智联网的操作系统。

智联网中的操作系统涉及芯片层、终端层、边缘层、云端层等多个层面。单一层次的智联网操作系统与安卓在移动互联网领域的地位和作用类似，实现了应用软件与智能终端硬件的解耦。就像在安卓的生态环境中，开发者基本不用考虑智能终端的物理硬件配置，只需根据安卓的编程接口编写应用程序，就可以运行在所有基于安卓的智能终端上一样，智联网操作系统的作用也是如此。

上述提到的几种嵌入式操作系统，如AliOS Things、LiteOS、FreeRTOS

等是物理硬件到数字世界的第一道转换，它们是边缘侧的"解耦思维"的承载体，还要经过多道转换，才能完成物理世界到数字世界的整个镜像，构成完整的智联网操作系统。

目前在智能交通领域，智联网的操作系统已初具雏形。我们以地铁为例，地铁交通网是一个相对成型的CPS系统，每一辆地铁用车都是由计算机调度分配给每台车辆的轨道资源。如果将轨道看作是CPU处理器，车辆便是线程，类似计算机时代操作系统的模式。而构成整个地铁智联网的操作系统，需要云端、边缘、芯片各个层面的操作系统互相协同，将物理世界通过层层"解耦"，抽象提取到数字世界。

因为计算机和智能手机多为标准化的硬件配置，其操作系统标准化和批量复制难度不大，由于智联网设备多样化和碎片化的特征，硬件资源常常处在不同的约束环境中，对单个层面操作系统的伸缩性和灵活性提出了较高要求。

例如，对于应用场景丰富的智能手表和仅需具备简单通信、调度功能的计量终端，其操作系统量级应该差别很大，可能在几KB到几十MB之间。

目前多种智联网操作系统并存，同一层面中的操作系统由于演进路径不同，造成的差异较大。IoT网关设备中不同操作系统占比情况如图2-4所示。

例如，对于终端层的操作系统，呈现出两种技术路线：一是基于安卓等操作系统进行裁剪和定制，二是在传统实时操作系统（RTOS）的基础上增加设备联网功能。因此，智联网领域尚未形成像计算机和手机市场那样，仅有少数几种操作系统的局面，即不管硬件采用哪种系统，都不会形成使用障碍，只是性能不同而已。

因此在智联网的环境下，尤其需要对操作系统屏蔽智联网底层硬件碎片化的状况，提供统一的编程接口，从而降低智联网应用开发的成本和时间。为了应对严重的碎片化现状，采用"分而治之"的方法论，通过操作系统触发的软硬件分离与解耦将可能在众多应用场景中发挥作用。

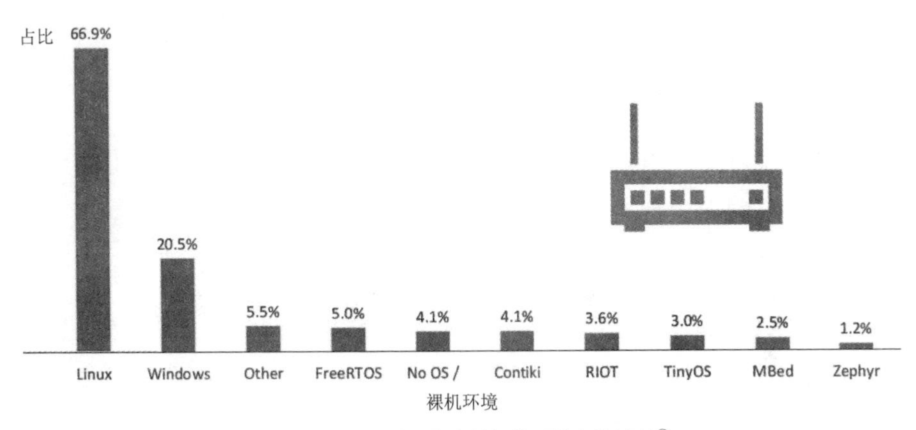


图2-4 IoT网关设备中的操作系统占比情况[①]

## 2.5.2 “公板公模”[②]能否成真

操作系统通过将软硬件解耦，完成的重大使命是令硬件开发厂商可以降低底层投入，实现产品的网络化和智能化并快速量产。

操作系统作为软硬件之间的解耦平面和接口，使得硬件标准化，通过软件实现个性化定制的行为变得可行。操作系统的另外一个价值是，能够最大程度地实现硬件的通用和软件的复用，提升定制化软件的开发效率，降低复用成本。

在智联网市场，软件和硬件模块复用性低是大家普遍面临的难题。尤以工

① 资料来源：2017年物联网开发者调研，Edipse基金会。

② 一般认为公板公模是从MP3播放器时代开始的。那时候几乎同样的MP3产品外壳印着不同的LOGO销售，省去了模具的二次定制。再后来，联发科提供手机的公板公模，厂家直接套个外壳就可以上市，极大地降低了手机进入市场的技术和资金门槛。

业场景为甚，硬件型号极端碎片化，工业APP被重复使用的次数可以说是低到“惨不忍睹”。现实的情况往往是一个工业APP被定制化的次数非常多，而被重复使用的次数又非常低，无法通过多次复用摊薄使用成本，几乎形成了一种死循环。

如果这个问题不解决，设备的大规模联网将很难实现。

智联网本身是“系统的系统”，势必涉及产品与系统之间“车同轨、书同文”的工作，涉及大量的“解耦”工作，即通过不同层面的操作系统，将硬件相对标准化，更多定制化功能通过软件实现。

回顾计算机和手机的发展历程，不难看出硬件标准化，更多功能是由软件定义的发展历程。

自从世界上第一台电子计算机ENIAC在20世纪40年代诞生以来，计算机经历了电子管、晶体管、集成电路、大规模集成电路等多个阶段。ENIAC虽是第一台通用意图的计算机，但由于其结构设计不够弹性化，导致它每计算一道新的题目，都需要重新修改电路。随后从冯·诺依曼系统结构开始，计算机科学才慢慢演变为硬件和软件两部分。最后发展到现今硬件通用化、系列化和标准化，即由软件实现文字处理和图形图像等丰富功能的阶段。

智能手机的硬件通用化，软件定制化特征则更为明显。当年苹果一款手机为什么可以击败诺基亚拥有的众多型号？这是因为苹果率先从战略上认识到了在移动互联网阶段，硬件的标准化趋势、操作系统的重要性，以及手机应用程序的作用。苹果手机采用了硬件高度一致化，通过应用商店中种类繁多的软件满足用户个性化需求。

在智联网领域，通过少数几种“公板公模”，实现硬件标准化的做法，是否能够成真呢？

至少很多企业已经看到了这个趋势，朝着类似的方向在努力。比如汽车领域，产业链的变革正在发生，通过苹果、谷歌、特斯拉等公司的推动，现在汽车正在变得越来越像一部装了四个轮子的智能手机，使用较少的车型，通过车载操作系统，用大量的个性化软件实现众多的功能。

至于其他领域，让我们用时间去验证。

### 2.5.3 eSIM成智联网当红“小生”

eSIM可以说是智联网领域内解耦思维的典范。

2018年，中国联通、中国移动和中国电信三大运营商一起入局，智联网领域蹿红最快的就要数eSIM了。在2018年合作伙伴大会上，中国联通携手联想、阿里、高通、科大讯飞等企业，瞄准eSIM在IoT领域的落地，共同发起“eSIM产业合作联盟”计划，从开发、测试、生产、采购、销售等各个环节与智联网硬件厂商在eSIM产品上开展密切合作，让智联网企业顺利实现产品上市。

中国联通董事长王晓初在大会上表示：eSIM将会引领创新和开拓新领域，成为工业合作新方式。预知eSIM时代迟早要来，中国移动和中国电信也已预先做好了布局。联通eSIM联盟计划的宣布，就像一声发令枪，有了运营商的明确支持，eSIM在智联网领域从蓄势待发转为高速起跑。

#### 1. eSIM为什么值得关注

传统SIM卡每个人都不陌生，eSIM是将传统SIM卡直接嵌入设备芯片上，而不是作为独立的可移除零部件加入设备中，用户无需插入物理SIM卡，两卡的区别见表2-1。同时eSIM可擦写，支持“换号不换卡”模式，能够在不换卡的情况下，更换提供服务的运营商。

表2-1　传统SIM卡与eSIM的区别

| 项　　目 | 传统SIM卡 | eSIM |
| --- | --- | --- |
| 对终端要求 | 有卡槽 | 内置eSIM芯片 |
| 生产和储运方式 | SIM卡存在单独的库存、备货压力 | 物流和制造成本节约，流转速度快 |
| 交付方式 | 营业厅等线下交付 | 网络下载安装到用户终端 |
| 更换终端的方式 | 用户将SIM卡从旧设备中取出，自行插入新设备 | 从服务器重新下载eSIM电子卡 |

面向智联网市场，eSIM的市场前景广阔，根据IHS预测，eSIM的全球连接数将在2021年接近10亿（见图2-5）；复合年增长率达95%，2022年eSIM市场规模将达到54亿美元。

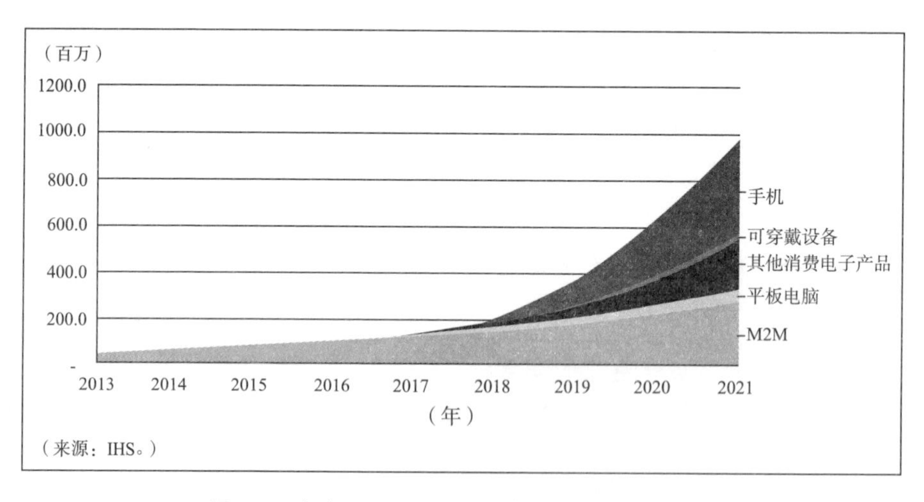


图2-5　全球eSIM出货量分析（根据设备类型划分）

### 2. eSIM如何运用解耦思维

eSIM正在朝着可移除的、嵌入式方向演进（见图2-6），其核心竞争力在于功能解耦，也就是SIM卡硬件的生产与运营商签约数据的解耦与分离，并由此激发出巨大的市场潜力，下面将逐层分析。

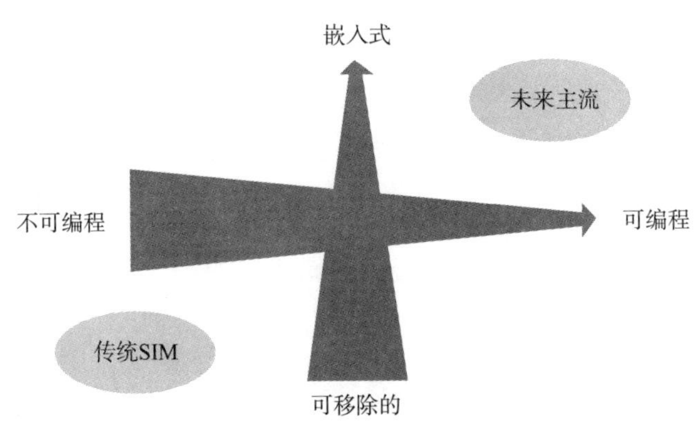


图2-6　SIM卡的演进方向

（1）摆脱了SIM卡卡槽的束缚，优化之后的外观带来了一系列的性能提升。

由于空间、环境等限制，传统需频繁更换的SIM卡无法适应大规模智联网的要求。SIM卡逐步从嵌入式和小型化的量变，发展到eSIM阶段的质变。

某些智能终端的内部空间就像“北上深”的房价一样寸土寸金，eSIM小巧的“接管式”体积解决了智联网硬件在工业设计中的高难度问题，相较于实体SIM卡可以减少高达90%的空间。与之相关的特性，包括电池续航增加、防水能力增强、抗振动、耐高温，更有利于提升智联网产品的稳定性和可靠性。与SIM卡相关的库存、备货和运营压力也相应降低。

可以说，eSIM不仅满足了更为严苛的智联网硬件终端空间限制的需求，同时提升了产品的防护等级，适合了更多恶劣工况，解锁了一大批工业领域的应用场景。

（2）由于eSIM可擦写，智联网硬件的网络资费管理将更加灵活。

传统SIM卡与单一运营商绑定，而eSIM使得运营商签约数据在生产、存储和递送环节与硬件分离，以电子数据的形式存在，支持通过网络远程配置到终端。

一旦eSIM成为主流，一个有趣的现象是用户可以像选择Wi-Fi网络一样一键切换运营商服务，从不同的资费和信号强度中挑选合适选项，“合并运营商”的操作即将到来。

通过eSIM设备连接管理平台，用户可以查看在线设备数量、相应的运营商套餐、使用的流量和资费，远程完成通信能力的优化，及时通过运营商套餐切换进行成本调整，避免了额外的人工操作。

对于新兴的智联网通信技术，如NB-IoT、LTE-M，eSIM的这一优势更为明显。当NB-IoT被用于资产追踪应用时，运营商在不同地区的部署能力尚不均衡，用户可以根据不同地区的NB-IoT信号强度和资费情况，选择最优方案。

（3）eSIM使智联网企业真正做到一点生产、全球发货。

当智联网企业在海外销售产品时，传统SIM卡模式下需要企业与海外运营商合作，购买当地的SIM卡并插入设备中。如果设备的销售涵盖多个国家，或者有同一设备在不同国家之间跨境使用的应用场景，要么涉及不同运营商之间的切换，要么涉及同一运营商的国际漫游，往往不能选择最优的资费方案。

而eSIM激发了智联网硬件无国界的流动性，为了满足智联网硬件“出海”的需求，在其生态链中最具活力的一环，eSIM服务能力提供商（Remote SIM Provisioning，RSP）应运而生。

为了易于理解，我们不妨通过一个比喻说明RSP的角色。RSP在eSIM产业链中的位置，类似于支付宝在电子商务中充当的角色。支付宝并不是银行，但其可以与多个银行对接，用户只需要通过支付宝就能轻松完成交易。

术业有专攻。RSP不是运营商或者虚拟运营商，但其会与国内外多个运营商对接，为运营商提供远程下载eSIM资源的工作，用户和设备可以通过RSP选择和订购低成本、高质量的运营商eSIM资源。在运营商许可的前提下，如果RSP对接了多家运营商资源，用户和设备甚至无需主动选择不同的运营商，而是相当于选择了一家“白牌运营商”，通过被自动配备的最为合适的资源，让智联网企业可以专注于所在的业务领域，不用操心具体网络连接的服务提供商。

除了RSP，eSIM产业链中还有诸多角色，都有可能与智联网企业产生交集（见图2-7）。

- **基础性企业：**包括CA机构、eSIM芯片商、终端芯片商。CA是证书授权机构，如中网威信、赛门铁克等，作为eSIM体系中PKI证书链的管理与维护人，为eSIM平台签发数字证书，为卡商签发二级根证书。eSIM芯片商如英飞凌、华大电子等，生产eSIM所需要的芯片。终端芯片商如高通、海思、展讯、MTK等，生产终端所需要的处理器等芯片。
- **eSIM制造厂商：**包括捷德、金雅拓、欧贝特、握奇、天喻等企业，生产eSIM硬件产品，并为eSIM签发证书。
- **蜂窝智联网模组厂商：**包括研华科技、日海通讯、高新兴、中移物联网等，生产嵌入eSIM芯片的蜂窝智联网模块产品，供智联网硬件企业选型和使用。
- **智联网硬件企业：**采购eSIM，将其集成至终端产品并实现eSIM功能。
- **消费者和政企用户：**购买eSIM终端，使用各种通信服务。
- **eSIM服务能力提供商（RSP及提供终端实现方案）：**如红茶移动、上海果通，它们不是运营商或者虚拟运营商，但其分担了与国内外多个运营商对接，商讨最优资费的工作，以便提供低成本、高质量和快速响应的全球连接方案。

- **电信运营商：**根据公开资料显示，全球范围内已有超过20家运营商陆续部署了eSIM平台或者提供eSIM服务。

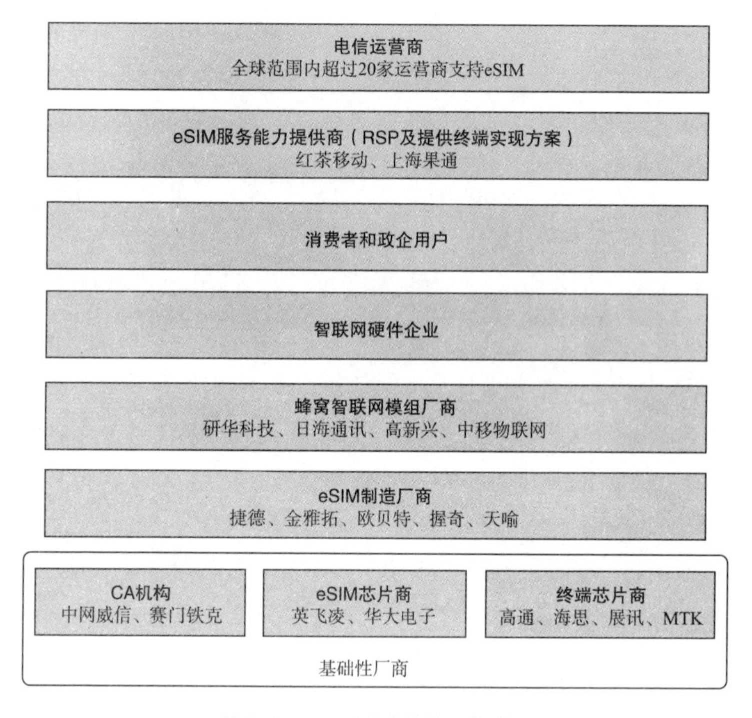


图2-7　eSIM产业链的厂商分析

### 3. eSIM涉及哪些智联网场景

分析了eSIM的诸多优势之后，我们再来看看eSIM涉及智联网中的哪些场景。根据GSM协会（GSMA）的评估，车联网、智能医疗、公共事业、高科技产业、保险智能物流等领域将会从eSIM中率先获益（见图2-8）。

根据《中国联通eSIM产业合作白皮书（2018）》中的业务规划，eSIM将在产业智联网、车联网、消费智联网等领域发力。

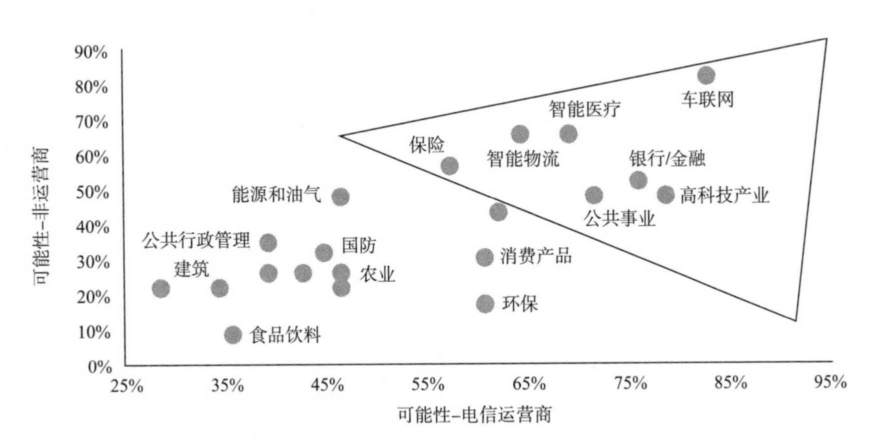


图2-8 随着SIM变革，即将受益的行业

（1）产业智联网eSIM的应用。

产业智联网包含智慧城市、智能农业、智能交通、智能制造、智能医疗等行业。由于不同行业差异化较大，连接管理的需求错综复杂，管理维度和管理难度似乎都在与日俱增。

正如越来越多的工业企业、建设企业，给员工佩戴智能手环，以便监测空气质量、心率、位置等关键变量，保障员工在恶劣条件下的健康和安全。eSIM通过空中下载技术为数万设备同时擦写eSIM卡，既简化了管理，又提升了智能手环的实用性和员工满意度。

智慧物流也是eSIM的典型应用场景之一。跨越不同城市的物流车队，大多配备了采集各类数据的传感器，每天采集大量的遥测数据，其完整性和流通性非常关键。eSIM不仅能降低漫游费用，而且让数据不会因为信号不佳或者更换SIM卡而产生中断。

随着智联网应用的进一步普及，以及5G通信、人工智能等新技术的逐步成熟，eSIM高集成、小型化、免维护、长连接等方面的优势将会进一步显现。

（2）车联网eSIM的应用。

车联网是eSIM最早应用的领域。由于车企普遍存在的跨国生产测试、销售地区差异及车辆跨境行驶等特点，传统SIM卡需要频繁更换使车联网的发展陷入了困境，因此对eSIM卡有强烈需求。

从车企的角度来讲，eSIM的成本无关紧要，它们更看重由eSIM带来的流程简化和便利性的提升，以及降低物料管理、人力投入和操作流程的烦琐程度。

（3）消费智联网eSIM的应用。

消费智联网是eSIM最主要的应用领域之一，包括各种可穿戴设备、智能音箱、无人机、医疗健康设备、追踪定位器等，都是eSIM的重要应用载体。

可穿戴设备的内部空间极为珍贵，特别是在电池技术还未取得突破性进展的前提下，eSIM是当前的最优选择。通过eSIM，消费者可以便捷地选择网络连接，提高终端入网效率，降低连接管理的复杂度。

据中国移动统计，以1000万用户作为样本计算，每个eSIM可节省4元左右成本，这无疑将成为加快eSIM普及的切实红利。

上述应用领域中，就产业智联网和消费智联网的eSIM应用场景而言，虽然技术角度极为相似，但业务流程有着本质的不同。因为到了万物互联时代，运营商面对的不再是单个消费者，还包括位于生产运营一线的庞大企业用户群体。

每一个垂直行业、每一家工厂，对网络的需求不尽相同，这就需要eSIM服务提供商具备够深够广的行业认知，深入车间、农场、企业等生产一线，了解垂直领域的具体需求，进而定制解决方案，满足不同的应用场景。

可以说，你的解耦思维将决定你的智联网方案架构的高度。怎样找到耦合点？有时我们在研发智联网产品的时候，总会觉得这个环节跟我有什么关系？为什么我要来配合做这个事情？那么这个地方就非常有可能是系统中存在耦合的地方。有些场合，过多的联动导致效率降低，解耦之后便能极大地提高效率。如果被动配合的范围很大，参与方很多，说明系统耦合非常严重，已经形成痛点，有痛点的地方往往也蕴含了机会。这里提到的智联网操作系统、eSIM都是运用解耦思维的典型实例。

## 【本章总结】

回顾本章，分别从数据的联网思维、模块化的乐高思维和操作系统的解耦思维三个方面给出了智联网思维如何应用于产品的答案。能力越大，责任越大。伟大的思维方法往往伴随着重大的责任。希望我们运用好这三种产品思维的精髓，抓住智联网时代的重大机会。

## 【精华提炼】

智联网产品思维是智联网思维的核心之一，这是一种截然不同的系统化产品设计与运营思路，现在几乎所有行业都离不开数字技术和产品创新，产品经理需要运用互联网手段和敏捷方法塑造用户体验。智联网产品思维有些与直觉相符，有些则反其道而行，有些我们已经熟知，有些我们还需要历练。

### 1. 联网思维

随着技术的发展，我们将走进一个富足的世界，在那里“使用”将胜过“拥有”。在这次智能化革命中，我们一方面需要将更多的人类知识提炼并融入生产过程，赋予设备智能；另一方面需要将生产制造与消费“商流”打通，将消费者的个性化需求融入生产过程。

联网思维的行事逻辑是首先从企业内部入手，解决设备联网的问题。其次涉及从下到上的思维切换，来自一线、来自边缘、来自场景的联网需求应当被优先满足，直达业务痛点。

### 2. 乐高思维

乐高思维有利于加速团队分工，规范不同团队间的信息接口，进行更为深入的专业研究和不同模块系统的协同开发。模块意识的建立，可以实现企业组织结构与产品模块结构之间的交互，使并行工程拥有实施的根基。

乐高思维强调模块化和标准化，而解耦思维的重点在于，在原本尚处混沌的地方建立清晰分界和交互界面，因为“融合”往往起步于“拆分”。

### 3. 解耦思维

当智联网在很多产业落地，IT（信息技术）与OT（运营技术）的融合正在逐步发生。有时，后退一步是为了前进两步，从融合的“反面”进行思考，先做拆解和分离，从“解耦”到“封装”，再到逐步“融合”。

作为解耦思维的典型案例，智联网正在逐步建立自身的操作系统，通过将软硬件解耦，完成的重大使命是令硬件开发厂商可以降低底层投入，实现产品的网络化和智能化并快速量产。

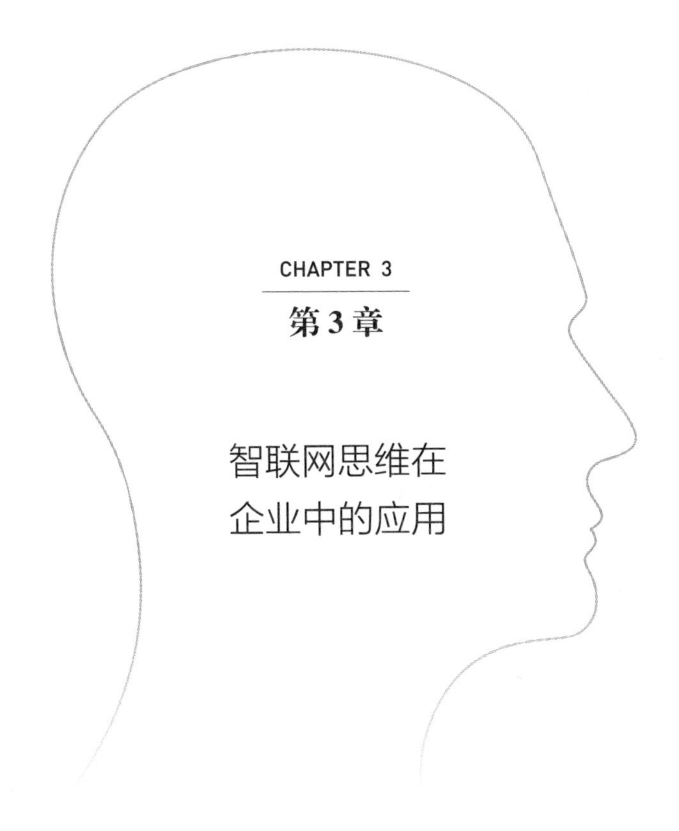

CHAPTER 3

# 第3章

# 智联网思维在企业中的应用

**【问题清单】**

- 你认为企业组织是机器型的还是生物型的？
- 如何在边际收益递减的世界，创造边际递增效应？
- 有哪些助你获得“抢跑”优势的现成工具？

## 3.1 修炼企业内功的时候到了

技术的塑造能力往往都不是表面的，经过之前的几次工业革命，企业的内核和组织内涵已经发生了本质性的改变。公司制是现代企业中最主要、最典型的组织形式。

随着工业革命的推进，为了与科技的进步相匹配，企业的治理结构也在逐步发生变化。2013年，亨利·福特创造的流水生产线问世100周年。福特这位汽车界大亨不仅设计出了合理的装配线和统一精确的通用型零部件，还创造出一种高效率、高效益的大规模生产方式。这种生产方式不仅深刻改变了汽车制造业，而且改变了其他各业，进而改变了工业化进程中企业的思维方式。

其实，由福特设计的第一条汽车生产线，并不是流水生产线。当时福特公司最早的工厂需要建造在河边，以便把铁矿石从河边运到工厂，进行炼钢的第一个步骤。若要组装一辆汽车，工人们需要集结到一个固定的工作站，然后一起对同一辆汽车进行组装，这辆汽车组装完成之后，才能进行下一辆汽车的组装。这样的生产模式，使得工厂建设成为一项耗资巨大的工程，并且每设计一款新的工业产品，所要投入的建设成本也非常高，导致工业品的创新成本高昂、种类单调、迭代速度缓慢。面对这样的矛盾，福特开创性地引导了一项源自组织内部的变革，即工业标准化和流程化。

福特推动的这项源自企业内部的思维变革，使得企业内部的运作方式与外部技术的发展产生了一致性，最终加快了工业革命的进程。由于充分的社会分工，生产线的效率得到了质的提升。一方面是位于每个环节的企业彼此分工协作，不断降低产品的制造成本和提升产品的质量。另一方面，产品的创新者不必再自己开发创新并参与每一个环节的制造过程，基于工业体系的基础框架，创新者可以通过单个环节上的创新突破，将其“嫁接”到整个工业体系中，迅速创造价值。

以飞轮磁力发电机的组装为例，在福特的流水生产线中，整个作业被分为29道工序，每个工人在组装好一个零件后，就将飞轮传给生产线的下一道工序。在29道工序的分工协作下，一个飞轮磁力发电机仅需13分钟就可以完成组装。后来，经过一段时间的改进，组装时间被缩短至5分钟，而原本非流水生产线的模式进行组装则需要20分钟。

福特汽车一条龙式的流水生产线使主要的制造流程相互联结，大幅降低了制造时间并提升了生产效率；此外，这种专业分工的方式，使生产线上的工人只需熟悉自己负责的工序，不需要是技术全能。通过专门打造的制造设备和模具，让机台调整的时间大幅缩短。在流水生产线的帮助下，不到一年，福特公司原本组装整台汽车所需的时间由12.5小时缩减至不到1.5小时。

这种流水线的生产制造和企业管理方式，带来了什么样的影响?

首先，最直接的影响是产量的大幅提升。如当时采用传统工艺的英国汽车制造厂，一年的汽车产量约为2500辆，而采用福特生产模式的流水线，一天的产量就可高达1000辆。

其次，流水生产线触发了规模效应。也就是说随着产量的增加，成本越来越低，即边际成本递减。因此汽车的销售数量和价格产生了明显的变化，福特所生产的汽车，价格从原来的850美元下降到260美元，而销售数量更以惊人的速度增长，在其采用流水生产线后的数年间，全世界的汽车有一半都来自于福特。这使得其后各行各业的公司都在持续地追求规模效率。

最后，流水生产线深化了企业内部的社会化分工。此后在西方的企业中，大部分工作岗位都已经被工程化和程序化，企业逐步形成了明确的层级制度。

由于大量采用了规模效应和层级制度，企业在后续建设过程中持续创造着巨额财富。

### 3.1.1 你不知道你不知道什么

在不知不觉中，上一轮工业革命的高速发展如今已不再持续，各国普遍面临着经济高速狂奔之后难以为继的经济增长状况。最近几年，世界经济陷入低迷，全球发展指标一路放缓。事实很明显，整个社会的下一代增长引擎不再是过去最大化发挥规模优势的模式了。

从社会发展的模式上看，随着从稀缺型社会到富足性社会的转变，生产效率将不再是企业最关键的因素，规模效应也不一定会在未来产生可持续的优势。在新一轮的科技革命中，很多关键性假设正在发生着变化。

首先，需求难以被准确预测了。

过去的大规模工业化生产，有一个前提条件是需求能够被预测或者预期。制造业的决策者或者服务类企业的领导者，可以预测并且塑造人们的各类需求，从而自上而下的指导企业活动，并按照预测制定流程和细节。在这个过程中，企业试图消除一切不确定性，包括通过各种机械取代手工作坊式生产，降低人力供应的不确定性，通过工业自动化降低产品质量的不确定性，通过企业管理系统ERP、制造执行系统MES等信息化系统降低管理过程的不确定性等，但是如今，消除不确定性的道路走到了岔路口。

大卫·李嘉图的"比较优势贸易理论"能够很好地解释国际贸易的发展。李嘉图对于国家之间比较优势的核心逻辑是：各国在某一个领域都有相对更高的生产效率，如果各国在自己擅长的领域里生产，并把产品通过贸易的形式与别国交换，那么，所有参与贸易的国家都能享受到更好的经济成果。

但是，李嘉图没有充分考虑这些经济学原理的二阶影响和更深层次的矛盾。在李嘉图的比较优势贸易理论之下，个人和企业都可以轻松地在全球范围内选择供应商，这就使得产品转换的成本非常低廉。其二阶影响包含两点，第一，不发达的国家会借助人力成本的优势发展得更快，有可能会逐步发展为最大的经济体；第二，比较优势使得市场竞争在全球范围内加剧，导致了更大的生产不确定性和需求不稳定性。

其次，规模效应并不能将过去的成就复制到未来。

过去公司发展的主要目标是通过快速扩张实现更低的成本和更大的规模，借助各种基础设施和最新技术，获得最大化的规模经济效益，也就是规模效率。未来的各类企业都面临着从“量”的竞争转向“质”的竞争的局面，消费者的需求正在变得越来越多样化、个性化和不确定化，因此，规模效应的优势已不再。

总之，企业仅凭借生产“更优质”的产品即可创造和获得价值的时代已经结束。数十年来，企业一直在追求“低投入、高产出”，重点关注以更低的价格为消费者提供更卓越的产品和更丰富的功能。如果继续在规模效应的路上“埋头狂奔”，将很快走到终点。未来，没有商业机会或许才是常态。

当越来越多的人开始意识到，规模效应并不能帮助我们面对充满挑战的未来时，我们不得不认真地反思旧模式，“低投入、高产出”的黄金时代接近尾声，个性化、小批量的生产意味着单个产品的成本无法被继续摊薄，未来的企业价值到底来自何处、谁在创造价值以及谁能从中获得利润？企业业绩的发展变得和每个人休戚相关，人们不应只关注自己所处的环节，而是应成为“知识型”的主动工作者。

最后，从上到下的金字塔层级结构不再适合企业的发展。

一直以来，制造业都是一个令人望而却步的领域。它不仅准入门槛非常高，而且初始资本投入十分巨大，产品必须经由多个中间环节才能到达消费者手中。如今，在计算成本急剧下降的环境中，连接变得无处不在，信息自由流动，原来成本高昂的业务模式在更多企业中变得越来越普遍。

制造业的准入壁垒及商业壁垒正在逐渐瓦解，很多新型企业使用组件和平台快速搭建生产能力，加之消费者的需求正在变得多种多样，进一步提高了市场的细分程度。有远见的产品制造商，打造了从价值链源头直达最终消费者的“通路”，促进业务迅猛增长。制造商与零售商之间的界限逐渐变得愈发模糊，原有的价值体系正在从“链状”进化为“网状”。

没有“传统”的企业，只有传统的思维。在一个信息传递更加自由，生产周期更加紧迫的世界里，如果仍旧因为客观条件，墨守成规，坚持价值链中的原有定位，保持与消费者“相隔万里”的时空观，就很难及时获得有意义的客户反馈并及时采取相应行动，与市场的一手战报逐渐脱节。

这种脱节可能会对创造和获取价值的方式产生多重影响，只有那些为消费者创造更多价值的企业才最有可能幸存下来。尽管一家小企业无法凭一己之力对现有大型企业产生重大影响，但是，当大量敏捷初创公司开始从大型企业手中抢夺市场份额时，星星之火逐渐形成燎原之势。

所以这一波新的浪潮，是按照从下到上、从外到内、从边缘到中心的原则进行推进的。在这样的模式下，你并不知道你不知道什么，或许当你知道的时候，为时已晚。

### 3.1.2　生物型组织，让企业自我进化

通过上面的分析，你已经看到，“传统”企业的组织结构往往基于工业时

代，为了满足大规模生产的需求而建设，而在智联网时代，不知你是否感觉到，当今社会商品的普遍稀缺性正在消失，我们正在走向普遍盈余，局部稀缺的新阶段。如果企业组织不能很好地进行内部调整，修炼内功以适应新时代的要求，仅仅凭借新技术武装自己，很难吸引和留住真正有价值的人才加入，更不要说在即将到来的智联网时代中得以制胜。

管理大师彼得·德鲁克曾经预言性地提出，在21世纪，“知识型”的主动工作者将是劳动者的主体。他认为的知识型人才既能充分利用现代科学技术知识提高工作效率，又具有较强的学习和创新能力。企业正处于变革的商业环境以及越来越快的节奏中，需要每个人都是能力超强的全能“战士”，同时管理还不能约束在一些条条框框里面，需要更灵活的策略。

因此，企业中的管理者必须学会如何调动和激励知识型人才。当下，企业的组织架构也正在冲破固有的金字塔等级制度，创造更加适应市场快速变化的“自适应”组织。智联网时代的新型企业思维除了作用于技术和产品，还将渗透到企业内部，朝着企业和生产链条的核心层递进，从而改变企业内部的组织结构与形态。在供应链中，各企业之间的关系也将重构。企业若想持续实现优良业绩，就必须接受持续的变革和无休止的改造。那么，什么才是真正的智联网企业思维呢？

还记得本书前面提到的章鱼吗？章鱼有一个很大的中央大脑，它的每一条腕足都有一个独特的小型“大脑”网络。而“智联网”是一种与章鱼大脑高度相似的，可以持续迭代的“科技界”异形大脑，智联网的大脑分布于云端和边缘，云端大脑通过智能分析负责40%的计算与决策工作，智联网的边缘同样拥有智能，60%的计算在靠近终端设备的边缘侧直接处理与执行。

智联网的发展模式带给我们诸多启示，企业如果想在未来有所作为，不仅需要不断完善自己的异形大脑，还要向生物界学习持续进化的能力，因此围绕企业思维塑造智联网思维变得尤为迫切。智联网中的边缘智能、实时通信与价值追溯，这些思路不仅适合于系统设计，还适合于组织重构。具备智联网思维的管理者可以成为这些新思维的“首席执行官”，他们不仅是智联网系统的构建者，更是企业组织的设计师。

企业组织到底是机器型的还是生物型的？有人认为企业像一部机器，有人认为企业像一个有生命的个体。如果你认为企业像机器，那是因为机器的原理、逻辑关系相对清晰，只需探究机器背后的因果关系即可。如果你认为企业像生物，那么可以说你由此走上了一条遍布荆棘之路，因为很多的生物反应机制尚处于未知状态，充满变数，即使付出很多，也不一定能真正理清如此复杂的反应机制。笔者认为企业组织过去是机器型的，未来是生物型的，现在正处于从机器型到生物型的转型期。

建设面向未来的生物型组织，就先要了解什么是生物？薛定谔在《生命是什么》一书中这样描述到：“所谓生物，是从它周围环境中，不断地吸取自由能，也即摄取负熵而得以生存的，也就是说，生物不破坏周围环境的秩序，并将负熵不断地吸收到自身体内。”可以说，一个生物就是靠负熵为生的，或者说，新陈代谢的本质就是让生物成功消除它活着时不得不产生的全部的熵。

企业的本质是人造生物，在工业时代我们弱化了企业的生物性，在智联网时代，我们需要重新赋予企业这个生物体以“生命”。腾讯公司的马化腾在《致合作伙伴的一封信》中说：“互联网是一个开放交融、瞬息万变的大生态，企业作为互联网生态里面的物种，需要像自然界的生物一样，各个方面都具有与生态系统汇接、和谐、共生的特性。”

马化腾还提到，构建生物型组织，就要让企业组织本身在无控过程中拥有自进化、自组织能力。很多人都知道柯达是胶片影像业的巨头，但鲜为人知的是，它也是数码相机的发明者。然而，这个掘了胶片影像业坟墓、让众多企业迅速发展壮大的发明，在柯达却被束之高阁了。为什么？因为组织的僵化。

在工业时代的传统机械型组织里，一个“异端”的创新，很难获得足够的资源和支持，甚至会因为与组织过去的战略、优势相冲突而被排斥，因为企业追求精准、控制和可预期，很多创新难以找到生存空间。这种状况，很像生物学所讲的“绿色沙漠”——在同一时间大面积种植同一种树木，这片树林十分密集而且高矮一致，结果遮挡住了所有阳光，不仅使其他下层植被无法生长，其自身对灾害的抵抗力也会变得很差。

要想改变它，唯有构建一个新的组织形态，所以马化腾倾向于构建生物型组织。互联网越来越像大自然，追求的不是简单的增长，而是跃迁和进化。那些真正有活力的生态系统，在外界看起来似乎是混乱和失控的状态，但其实是其组织在自然生长进化，在寻找创新。

创新本来就是生物的专利，所以未来的创新组织，终将是生物型组织。智联网就是生物智力的第二种起源，智联网公司需要具备新的组织结构和企业文化，以支撑智能时代的到来。然而，由内到外的变革往往是最难的，组织和文化是达成智能化企业的最大障碍。智联网思维改造企业文化的过程，虽不一定非要翻天覆地，但也不一定寸步难行。在第1章中所描述的数字孪生、CPS、云边端协同底层思维的支撑下，智联网思维将以三种企业思维方式从内部重构智联网企业，它们是：边缘思维、指数思维与杠杆思维。

## 3.2　边缘思维：从中心驱动到边缘自主

如果你了解智联网，一定对边缘计算不会陌生。边缘计算让智联网边缘侧的设备有了很大的自主性，这种“自主性”能更好地满足行业数字化在敏捷连接、实时业务、数据优化、应用智能、安全与隐私保护等方面的关键需求。

在智联网领域，边缘侧正在发生一次深刻的变革，很多人逐步意识到大量的智联网数据可能永远都不会被传送到云端"大脑"，只适合就地进行处理，如果没有被实时处理，数据价值也将不复存在。从技术架构上看，边缘计算正在崛起的形态，与企业组织内部正在发生的变革如出一辙。

边缘思维最早在2001年出版的《边缘竞争》一书中被提出，该书的英文书名是《*Competing on the Edge: Strategy as Structured Chaos*》，也可以理解为企业面临复杂局面的竞争战略。两位作者——肖纳·布朗与凯琴琳·艾森哈特，一位是麦肯锡的咨询师，另一位是斯坦福大学的教授；一位具有丰富的实践经验，另一位具有足够的理论研究。书中认为那些在激烈竞争和不确定性变革的行业中，能够取得成功的企业，都在推行边缘竞争的战略方法。边缘竞争战略的目标并不是普遍意义上的"效率"或者"最优"，而是对"灵活性"的追求，也就是说，是一种适应当前变革环境的能力，是随着时间不断演变的能力，是面对挫折富有弹性的能力，以及挖掘变革优势的能力。边缘竞争战略是一种不确定和不可控的战略，它甚至还有可能是低效率的战略，但是在变革的市场环境下它却是一种有效的战略。

书中认为许多成功企业的管理思维中都存在边缘竞争战略的影子，其中一个典型的例子就是微软。微软关于网络产品的大部分思想来自于公司的管理层之外。当时微软的某位经理，在访问康奈尔大学时，发现学生们在"攻击"网络。之后，他便在微软内部推动相应的变革项目。正是借助这位微软的"叛徒"和他所提出的但却未被批准的项目，微软开发出了第一台网络服务器。直到最后，微软高层才承认公司网络业务的战略来自公司的底层。

免费送货最初是由亚马逊的员工通过虚拟意见箱提出的，这最终成就了Amazon Prime（亚马逊金牌会员）。Prime是一项忠诚度计划，不仅具有免费送货的强大吸引力，还满足了客户在两天内收到商品的愿望。结果如何呢？Prime使客户的购买金额增加了150%，创造了数十亿美元的额外收益。

德勤三位高管所著的《拉动力》一书中也有相似观点。他们观察到，在企业的管理过程中，有些区域的知识流比其他区域的知识流具有更高的价值。尤其是在组织的边缘位置，知识流非常活跃。为什么会发生这种现象呢？显而易见，边缘位置的参与者往往面对的问题是前所未见的，或者具有很大的不确定性，人们必须深度协作全力解决，在解决过程中会更加关注创新方法和创造价值。处在边缘位置的人，更有可能向我们传递新的观点，帮助我们更快地扩展新的知识储备。

边缘通常对中心具有改造性的影响，边缘永远是变革的引擎。位于中心位置的人们感觉到变化往往需要很长的时间，他们当中的绝大部分人处于舒适区，无需面对边缘位置出现的各种棘手问题。然而随着智联网的发展，我们被带入了一个不同的时代，由于新型数字化基础设施的出现，处在边缘位置的人们拥有史无前例的以较低成本获取资源的能力，进而改变流程、创建企业，乃至颠覆产业。而处于中心位置（舒适区）的人们，虽然工作得心应手，但很难对边缘发生的情况迅速感知，有可能错失变革的重要机遇。

## 3.2.1 信息传递与整合的艺术

位于边缘的触角和知识众多，因此基于边缘思维建立的组织并不一定是效率最高的，这时信息在企业内部的传输方式显得尤为重要。我们都知道信息传递的速率取决于带宽，一个企业的组织结构和管理方式决定着这个企业内部的沟通效率。

有效的信息沟通建立在通信协议之上，信息的发送者和接收者都按照协议处理问题，这样最有利于保证信息的可识别性和准确性。在智联网中，物体与物体之间的通信，根据不同的场景已经进化出了多种不同的通信协议，这些现有的通信协议，或许能为你在企业内部建立有效的通信机制打开思路。

计算机网络拓扑结构是指网络中各个站点相互连接的形式，在智联网的通信中，常见的拓扑结构包括星形结构、树形结构和网状结构。

**星形结构**（见图3-1）是指存在一个中心节点，每个计算机与中心节点相连构成网络。因为这种结构以中央节点为中心，所以又称为集中式网络。就像一家公司的业务部门，开会的时候由部门经理传递主要信息，大家坐在一个会议室，讨论非常方便。这样的结构控制简单、便于管理、信息沟通比较方便，但是信息共享能力较差。

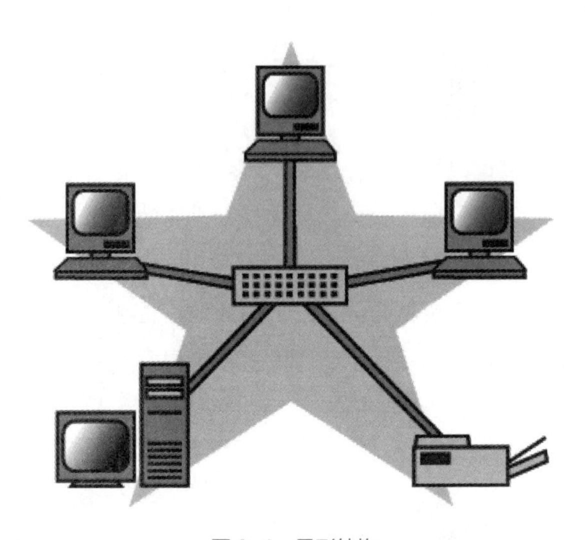

图3-1 星形结构

**树形结构**（见图3-2）是一种分级的集中式控制网络，很像现在企业内部普遍采用的组织架构建设方式，信息层层传达和下发，有些信息需要经过多个部门的多个关键环节，才能将信息传递给需要接收的人员，中间如果任何一个部门的信息传递出现问题，通信就中断了。

**网状结构**（见图3-3）是指网络中的每台设备之间都有点到点的连接路径，这种连接结构不如以上两种结构经济，但在每个网络设备都要频繁发送和接收信息的时候非常实用。就像扁平化管理的企业或者社群，企业内部层级总数较少，不存在上下级之间的关键节点，关键信息在多个渠道之间同时传递，沟通的带宽增加了，信息的交流要顺畅得多，合作也就变得更加容易与便捷。

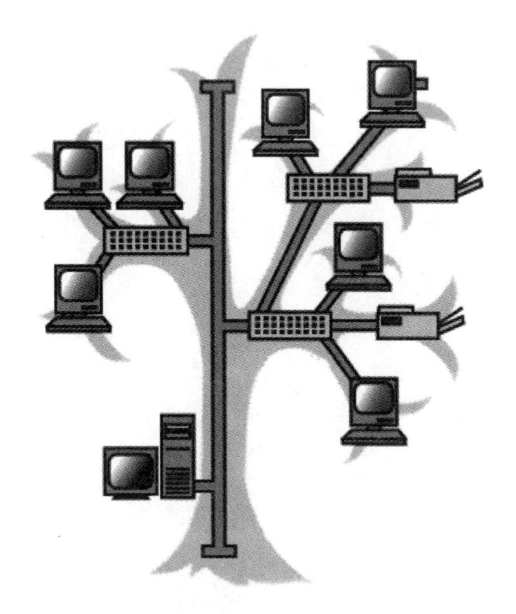

图 3-2　树形结构

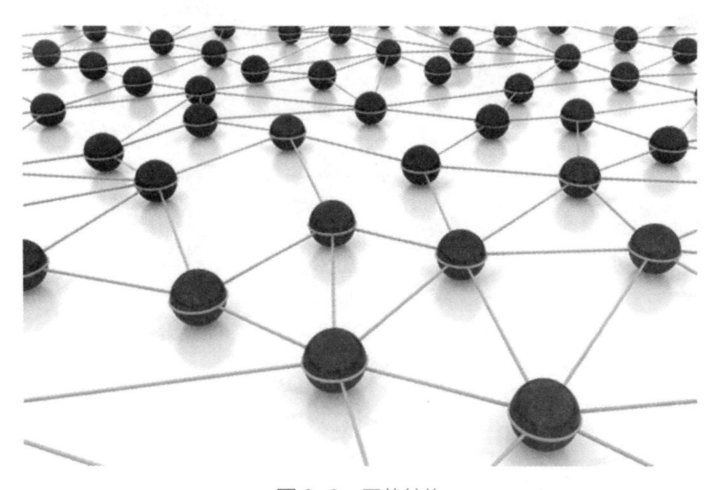

图 3-3　网状结构

除了在拓扑结构方面，企业内部信息传递可以借鉴智联网的不同通信结构，针对不同信息的类型也可以进行区别对待。由于智联网中的各种设备没有生命，因此进化出了多种通信协议，便于信息的传递，而这些通信协议不仅决定了智联网边缘侧的发展水平而且对智联网企业组织边缘自主进化也有着借鉴意义和促进作用。

了解我的读者都知道，书里没有漫画怎么行。在这里我们不妨通过小漫画家吴冰玉的几幅漫画，看看智联网里常见的Wi-Fi、蓝牙、ZigBee、LPWAN都是做什么用的。

物联网界，万物互联的背后，
有这么几个默默传输数据的宝宝们……

①Wi-Fi宝宝

特点:
-送货形式: 单枪匹马
-送货速度: 跑得快(300 Mbps)
-形态: 手大(捧的数据多)
-距离: 擅长短跑(100~300m)
-功耗: 肚子大，吃得多(功耗10~50mA)

②蓝牙双胞胎宝宝

特点:
-送货形式:双人协作
-送货速度:抛的快(1Mbps)
-形态:手大(捧的数据多)
-距离:只会短跑(2~30m)
-功耗:肚子大,吃得比Wi-Fi宝宝少点

③ZigBee家族宝宝

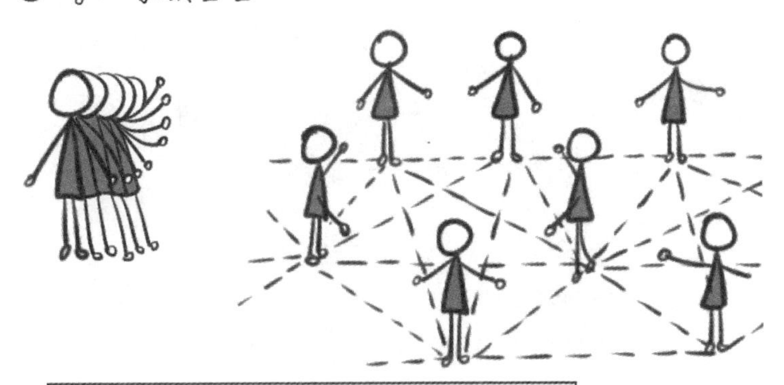

特点:
-送货形式:多人协作,踢毽子式(自组网)
-送货速度:一般(250kbps)
-形态:手小(捧的数据少)
-距离:短跑(50~300M)
-功耗:身材苗条,吃得少(5mA)

④GG宝宝

特点：
- 送货形式：单枪匹马送数据
- 送货速度：腿巨长，跑的飞快
- 形态：手大（能捧很多数据）
- 距离：超长跑
- 功耗：身材肥硕，吃得巨多（耗电）

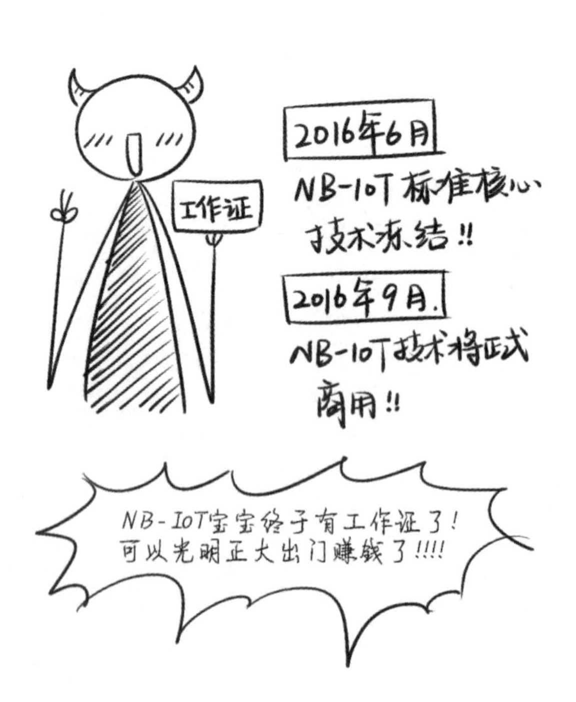

上面提到的Wi-Fi、蓝牙、ZigBee、LPWAN等通信方式，就像我们平时在工作中使用的电话、正式邮件、会议、书面报告、内部报刊、宣传栏、意见箱……在边缘思维的推进下，人与人之间的沟通和协调越来越需要更加快速、随机、轻量的方式，因此就像物与物之间针对长距离小批量的数据，演进出了LPWAN通信协议，人与人的边缘协作更需要利用微信、钉钉等即时通信软件，随时完成小数据量的快捷信息沟通，省时省事。

边缘思维引发的协同往往需要大量人员的参与，这时提升管理的效率和沟通的有效性是重点，凝聚了人类智慧的各种软件在这里可以发挥极大的作用。

任正非2018年年初在华为松山湖工厂的一次讲话，凸显了工业软件的意义。他认为应当参考工业4.0的架构，建设华为公司的大生产体系。华为生产系统中越来越多的是“知识型”的科学家、专家，无论是研发人员、生产人员、维护人员还是管理人员，他们的综合素质都很高。生产线上没有工人，只有专家。现在华为在英国的光芯片工厂，有大量动手能力很强的德国博士，这些博士保证了生产线的正常运转。这么多专家在一起，如何才能促进协作，促进彼此高效的工作？这就要用到工业软件平台。

现在机械、电气、电子、工艺、结构、材料等多学科都可以集成到一个统一的软件平台上，产品和工艺的设计、开发、试制验证都可以在这个平台上通过数字化手段完成。由于软件中已经积累了前人大量的专业知识，可以避免大量重复性的工作。有了软件平台的基础，各个环节之间可以形成没有断点的协作流程，让信息顺畅传递。

### 3.2.2 公司之外的聪明人，要比公司之内多得多

边缘思维还在于充分调动公司之外的知识和力量。不知你是否观察到了一种知识“倒挂”现象？由于移动互联网的普及，相比一线城市和龙头企业，来自二线城市和二线“传统”企业的专业人士，不仅掌握了人工智能、物联网、

区块链等最新知识，而且有时候他们比当下最火热的工业物联网企业还清楚什么是工业物联网。

在二线“传统”企业中存在大量的、随机的、细分的、碎片化的，以及精益化的提升需求，而且非常迫切。而这些需求多来自企业最前线的专业人员。这些人员的动手能力强、对新知识接受快、更加明确自己的需求和痛点，只要工业物联网平台在他们眼中具备实际价值而又兼顾经济性，他们便会是身先士卒的一批人。

制造业在过去几十年的发展可谓是“简单粗暴”，大量照搬国外的技术，使得国内在基础技术层面有很多空白。当一个行业处在市场红利驱动的环境中时，在企业组织的建设上往往会比较落后。因为市场前景好，即便企业组织建设略有欠缺，业务也能飞速增长。当市场红利消失时，很多细节问题暴露出来的同时，我们还面临着国外不曾遇到的问题。那么调动来自二线企业专业人员的积极性，实现动车组式多重驱动的制造业进化，将会是一种良性的演进模式。而能否及时地把最新的智联网“工具”送到众多的二线“传统”企业的专业人员手中，将非常考验智联网平台的生态构建能力和空间布局能力。

与此同时，吸收外部创意的方法正在源源不断地涌来。创客运动已经从边缘到中心逐层演进，人们普遍接受了“产品即平台”的观点。例如，在家具领域，宜家家居开始允许消费者或艺术家们提交设计，为标准家具“换肤”。芯片制造商英特尔和AMD（超威半导体公司）必须与Arduino和树莓派等更经济的小型电子平台竞争。一些富有远见的企业并不会把创客运动视为边缘活动或者品牌威胁，而是将其视为重要的营销与提升机会。它们借此机会建立紧密互动的社区，使得社区成员有机会参与“创意改造”，并提高其忠诚度。

这方面的成功案例很多，比如由夏伊·阿格西引导的变革。阿格西是一位像特斯拉的马斯克似的人物，《经济学人》称其为科技界自乔布斯之后最好的推销员。2003年35岁的阿格西加入思爱普（SAP）公司的7人执行委员会，并且发布了一系列“自杀式”的价值主张，他认为思爱普应该放弃软件，转变为对信息技术支持收费，同时思爱普公司的数据库业务应该开源，引入合作的基因。阿格西具有局外人的视角，因此超越别人看到了更远的未来，但他的这些观点在当时看来简直是“挥刀自宫”。不过之后，他以行动完成了思爱普的变革，诠释了创意如何从边缘向中心转移。思爱普建立了可扩展的开发者网络，以使其接近边缘的能力超出了其他企业的边界。思爱普所处的软件行业在当时正在经历一次痛苦的转变，大型复杂、紧密集成的应用程序，开始转变为一些松散的耦合模块，嵌入面向服务的架构之中。思爱普的开发者网络适应了这种变化，提供的内容全面丰富，形成了开发者、合作伙伴、顾问和系统管理员的协作平台。

截至2013年，思爱普开发者社区及与其关联的生态系统，累计吸引了130万名参与者，贡献的独立主题对话超过了100万条。思爱普跨越了自身资源的限制，获得了一个由具有才能和热情参与者组成的大型网络。

谷歌的前CEO埃里克·施密特在《重新定义公司：谷歌是如何运营的》一书中写道，那些有抱负、有能力，并乐于利用科技去挑战更多可能的人，都是创意精英。创意精英是一个极其难以管理的群体，在老旧、保守的管理体制中尤其如此。因为无论你付出多少努力，都无法指挥这些人的想法，如果你无法管理创意精英的想法，就必须学会管理他们进行思考的环境，让他们乐于置身其中。

### 3.2.3 思维模式决定协作方式

目前普遍存在的管理思维方式可以归纳为两种，具有第一种管理思维的人，这样描述他所在的世界：“我们生活在一个静态为主，零和博弈的世界中。变化的发生是无常的，而且难以预测。变化具有危险性，因为它会不可避免地创造出赢家和输家。在这个世界中获取价值的最佳方法是紧密地控制知识产权，以及紧密地控制从知识产权中获得价值所需要的所有资源。协作程度满足要求即可，而合作伙伴则最好是精心挑选的少数几家具有类似思维方式的伙伴。"

第二种人眼中的世界则截然不同："我们生活在一个动态的世界中，变化的模式是可识别的，可理解的，尽管某些具体事件并不容易预测。持续的创新创造潜能，使资源更为丰富，促进了不同成果的产生，所有参与者通过彼此协作均可共享这些资源和成果。要发掘潜能，协作是必要的。最有力的协作形式，应该是可高度扩展的，并能够动员来自方方面面，具有很深专业素养的大量参与者。"

第一种管理思维模式是控制型思维方式。根据这种方式，在岗位上进行人才开发，其实会破坏更高的控制目标。

第二种管理思维方式是协作型思维方式。具有这种思维方式的管理者们认识到，现有的人才储备正在快速过时，成功依赖于不断更新人才的管理技巧和定位。同时管理者也更容易认识到获得人才的重要性。

以上两种管理思维方式无所谓好与坏，对与错，只不过第二种方式更容易推动从边缘到中心的变革。

其实从严格意义上来说，只有传统思维，没有传统企业。智联网不像互联网和移动互联网，互联网的产品大多都与硬件无关、非常"轻"（简单，易上手），而物联网的产品在设计、生产、制造等方面都需要深厚的行业积累，需要有传统背景的人才来参与，这也形成了物联网在各个领域的准入门槛，因此物联网常常被认为是一个偏"传统"的行业。

戈壁合伙人有限公司的徐晨投资了3年当时最新潮的智能硬件项目之后，感叹道，"我发现智能硬件是个'传统'行业！"那些试图将人工智能、区块链、量子计算在设备端落地的企业，又何尝不是渗透到了物联网这个"传统"

领域，从而成为了“传统”企业。这些新锐企业如果不能在短时间内积累对于传统行业业务逻辑的认知和技能，往往难以与“传统”企业抗衡。

因此在看惯了智能硬件、人工智能、区块链等一波波炒作之后，我更加确信，掌握了崭新智联网思维的传统企业，不会被各种“风口”颠覆，恰恰相反，各种“风口”终将被传统企业所吸纳、融合。

## 3.3 指数思维：从“边际递减”到“边际递增”

当前有一个共识，那就是我们生活在一个边际效应递减的社会中，也就是说在一个以资源作为投入的企业中，单位资源投入对产品产出的效用是不断递减的。就比如当你饥肠辘辘的时候，吃第一个馒头的效果与吃第五个馒头的效果差距甚大。我们似乎已经对边际递减习以为常，但随着网络效应的扩散，人们发现如果用好指数思维，有可能激发一个边际效应递增的新世界。

提到指数思维，我们每个人都不会陌生。从技术角度来讲，摩尔定律认为单一集成电路上可容纳的晶体管数目，大约每隔两年会增加一倍，从经济角度来讲，这意味着微处理器的性价比一直在以指数级的速度增长。

在通信领域，乔治•吉尔德提出了光纤定律，即大约每隔9个月，一条单独的光纤可以传送的数据流量就会增加一倍。

数字存储技术也呈现出相似的指数增长模式，根据存储定律，单一磁盘上可以存储的数据容量大约每隔12个月就会增加一倍。

如果你认为近些年来的创新速度已经够快了，那么让我先给你打个预防针：现在还没动真格的呢。如今，唯一不变的就是变化，而且变化的速度正在不断加快。上面这些定律意味着，智联网的数字基础设施不会存在稳态，而是沿着指数曲线的长尾一路发展。

虽然这些定律我们均已熟知，但是在指数增长的世界中，反直觉的现象比比皆是。当这些现象与我们密切相关时，人类便很容易进入惯性思维，即进入对指数现象视而不见的盲区，因此我们常常观察到同样的错误重复上演，技术总是在短期内被高估，而在长期却又被低估。

《指数型组织》[①]一书中曾提到，20世纪80年代早期，手机像砖头似的非常笨重，大名鼎鼎的咨询公司麦肯锡建议美国电话电报公司（AT&T）不要涉足移动电话行业，并预测在2000年之前，全球手机数量不会超过100万部。而实际上，到了2000年手机数量已达到1亿部。麦肯锡的预测误差高达99%。

2009年，另一家大型咨询公司高德纳（Gartner）预言，塞班将在2012年成为移动设备的第一大操作系统，享有39%的市场份额，而安卓的市场份额仅占14.5%[②]。事实如何呢？塞班在2012年关门大吉，安卓后来居上，甚至赶超了苹果的操作系统，成为如今的移动世界霸主。

上述两个权威机构的预测具有很强的代表性，风投资本家维诺德·霍斯拉对其展开研究，以了解它们是如何做出这些预测的。霍斯拉的研究表明，这些预言家们是根据上一个10年的情况来预测接下来两年的发展，因此导致在移动通信领域，每一个指数级增长点上，全球顶尖的预言家们所给出的预测基本都是线性变化的。

全球企业增长咨询公司弗若斯特沙利文（Frost & Sullivan）的CEO对预测失误问题解释说："在一项技术翻倍成长时进行预测存在本质上的难度。如

① 伊斯梅尔，马隆，范吉斯特. 指数型组织：打造独角兽公司的11个最强属性. 浙江人民出版社，2015年出版。

② 《操作系统市场的未来展望》（*The OS markets in future*）。

果你错过了一小步，就偏差了50%！”

此外，“人类基因组计划”更是完美诠释了指数思维的威力。1990年，“人类基因组计划”启动，目标是完成个人基因组的完整测序工作。当时的预测是，该计划需要耗时15年，耗资60亿美元左右。然而，在预计时间跨度刚过一半的1997年，仅有1%的人类基因组完成了测序。几乎每个专家都认为这个计划已经失败了，7年时间才完成了计划的1%，按照这种时间进度推算完成整个测序需要花上700年才能完成目标。但当时的研究骨干，库兹韦尔却持完全不同的观点。“1%，”他说，“这意味着我们已经成功了一半。”因为每年完成的测序量一直都在成倍增长。1.001%的7次方就会超过100%。一年后1%将会翻倍变成2%，第二年2%会变成4%，第三年4%变成8%，依此类推，不出7年就会超过100%。实际结果是，该计划在2001年就提前完成了，那些所谓的专家这次整整算错了690年。

### 3.3.1 一切正在变得越来越快

放眼四周，由指数思维构成的数字世界，正在创造全新的进化范式，从而加速产品、企业和产业的新陈代谢。在一个又一个行业里，产品和服务的开发周期正在不断缩短。随着智联网的逐步深入，一旦物质的、机械的下层基底被变成数字和信息，那就一定会产生数据“大爆发”。

模拟向数字的转变正发生在各种各样的核心技术和设备当中，这些技术在相互交错时产生了倍增效应。当某一对象或过程的不同组成部分经过软件的系统化分析和自动化数据分析后，进步速度更是有了成倍的提高，而这还仅仅只是开始。让我们给每台设备、每个过程和每个人身上添加数万亿的传感器，一个接一个产业“数字化”的过程将会快到超乎想象的地步，它所带来的可能性是无法估量的。

因此，指数思维并不局限于软件开发领域，它同样也出现在硬件世界里，计算机界的最新流行语已经变成“硬件就是新的软件”。一台最基础的3D打印机2007年的价格将近5万美元，而在Kickstarter上获得众筹的全新Peachy打印机现在只需100美元。更有甚者，3D Systems公司首席执行官艾维·雷切托尔信心百倍地承诺，在接下来的几年内，会以399美元的低价将公司的高端3D打印机推向市场。

还应注意智联网使指数思维不是仅仅停留在产品与技术层面发挥功效，而是会更进一步渗透到企业组织内部，因此，人们的工作与生活也将有可能沿着指数曲线进行提升。大家还记得表述网络效应的梅特卡夫定律吗?

梅特卡夫定律（见图3-4），是指网络价值随着用户数平方的增长而增长，即与用户数平方成正比。在智联网时代，规模是网络价值的基础。网络上的节点即用户越多，网络的整体价值越大。同时，规模对网络价值的影响具有外部性。即规模越大，单个存量用户获得的效用越大。

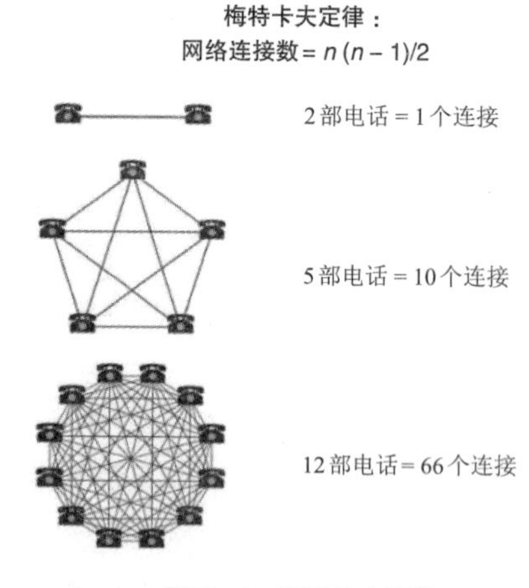


图3-4　梅特卡夫定律

如果用好梅特卡夫定律，网络系统内节点越多，单个节点可以分享到的价值也越大，引发的不再是边际递减效应，反而是边际递增效应。同样，根据梅特卡夫定律的思想，商业运营规模越大，整个网络就会变得越加高效，让我们有机会超越经验曲线的限制，在精心设计的创造空间中，加入的参与者越多，参与者之间的互动就越多，每位参与者提高自己能力的机会就越多。随着越来越多的人彼此联系，就会开始出现一个良性循环。

这种协作构成的良性循环首先在游戏领域中产生。例如，在《魔兽世界》游戏之中，玩家们发现通过彼此协作，他们可以更快地学习，完成通关。2007年初，该款游戏引入了10个新的难度极高的关卡，这个版本被称为“燃烧的远征”。但是一位玩家却在28小时内就完成了通关，这令其他经验丰富的玩家非常震惊，因为他们中的大部分人认为，通关至少需要几个月时间。这位玩家恰恰是充分运用各种协作资源，迅速提升了自己的通关能力。

在《指数型组织》一书中，作者认为未来企业组织中的决定性指标，不再是投资回报率，而是学习回报率。该书指出，人们选择在创业公司工作，最有价值的收获就是学习回报率的大幅提升。

在游戏产业之外，指数思维的效应正在迅速蔓延。如今，产品的开发周期已不再是按月或季度计算，而是按小时或天计算。很多公司已经懂得调动用户的参与度，更加便捷地创建指数连接，强化企业的网络成长模式。最典型的例子是，苹果和安卓平台均拥有超过120万个应用程序，其中大部分都是开发者的成果。

## 3.3.2 将数字孪生带入工作流程

指数思维的威力如此之大，但它也有实现的前提，那就是重要的指标和数据可预测、可量化。

如今一辆宝马汽车安装有超过2000个传感器，跟踪着从胎压到燃油量再到传动性能和急停状况的一切数据。飞机引擎的传感器更是超过3000个，每次飞行它们都会记录下数十亿个数据点。用64个激光发射器组成的激光雷达扫描周围环境的谷歌汽车，每秒可以产生1GB的数据。

智联网不仅在量化机械设备，量化人类的身体，而且还在量化我们的工作流程。

如宝马传动控制系统基于传感器的反馈信息，可用于减缓轮胎的打滑状况；人们借助超过70亿部全球联网的智能手机和其中配备的高清摄像头，可以将任何东西实时记录下来。

人们的操作流程也不例外，有人就正在尝试改造工作流程中与数字化脱节的“哑操作”。通过智能设备延伸人类的感知，将数据和信息融入操作员的操作之中。

比如力士乐公司推出的一款智能化转矩扳手（见图3-5），它会自动记录汽车装配线上工人操作的工件数量、力矩量、拧紧过程和各种参数，当扳手充电时向云端上传这些数据，从而做到每个零件、每个工位的操作都可记录、可追溯，将原本离线的“哑操作”实现了数字化。

图3-5　智能化转矩扳手

西班牙国际零售公司Zara充分利用了实时统计数据的能力。Zara深知大规模工业化生产的时代一去不返，因此它转向专注于小规模的、独特的设计活动和近乎实时的生产流程。Zara将近半数的服装是在公司中心制造的，这种方式让它能够在不到两周时间内完成从设计到发货的所有步骤。这也在一定程度上解释了该公司为何能在每月推出多达1.8万个新品，平均2 ~ 3周就有新款上架。

我们正在朝着一个"一切均可度量，一切均可知晓"的世界前进，这"一切"也包括我们的企业组织内部结构。具有指数思维的企业预见性地认识到将数字孪生带入工作流程，并且在新的数据流之上建立商业模式的重要性。因此，占领数据制高点是智联网公司生存的根本。

也就是说，智联网公司不仅需要解决数据获取的问题，而且需要不断抢占数据的制高点，可以说谁掌握了底层数据，谁就掌握了智联网的未来。

纵观智联网的初创公司，它们当中大部分所选择的切入领域高度一致，那就是首先为B2B领域的企业提供设备的状态监测和预测性维护服务。所以我们不妨以这个领域为例，看看那些成功的智联网初创公司都做对了什么?

预测性维护，属于事先维护，基于安装在设备上的各种传感器，实时监控设备运行状态，如果发现故障隐患，在实际故障发生之前就能自动触发报警或修改命令。

选择这一领域切入具有相当充分的理由：首先，市场规模够大。由于市场中的存量设备数目可观，80%以上的设备没有应用有效的预测性维护方案，而设备维护产生的费用约占设备总体生命周期成本的50%。根据IoT Analytics的市场报告，2016—2022年预测性维护的复合年均增长率为39%，到2022年总体支出将达到10.96亿美元。其次，经济收益容易衡量。从B2B企业内部来看，预测性维护用于优化生产操作，将会带来20% ~ 30%的效率增益；从外部来看，设备制造商如果引入预测性维护服务，将有可能扭转竞争业态，获得附加收益。最后，从战略角度评估，预测性维护正在触发制造业服务化的历史性转变，初创公司甚至有望在预测性维护这个全新的赛道弯道超车，超过传统巨头公司。

智联网公司参与数据之争的典型模式包含3种，即直接读取机器故障库的数据资源；与汇聚过程数据的平台打通；以及通过虚拟或轻量传感器逐步积累数据。

### 1. 当实时状态信号遇到机器故障数据库

许多企业拥有大量的历史设备和流程数据，但却往往缺乏故障数据，因为这些数据很难捕捉和保存。缺乏故障数据，即便进行状态监测，预测性维护的有效性也无法保证。

最直观的做法是在设备故障数据库上下功夫。如果某家企业能够掌握成千上万台设备的历史故障数据，当某台设备出现故障时，处理相同故障的经验就可以被复用，及时解决故障问题，从而创造新的价值。那么世界上是否存在这样的数据库呢？答案是肯定的。

比如，APT公司（Asset Performance Technologies）的资产战略资料库（Asset Strategy Library，ASL），可以说APT逐年积累的设备类型是全球最全面的工业设备故障数据库之一。虽然APT公司成立于2004年，但ASL资料库此前便已经开始积累，利用20多年的时间，收集了关于电力、采矿、炼钢等行业近800种重要设备的信息（见图3–6），可以提供失效模式效应分析和维护策略建议。

ASL对于智联网公司的战略意义不言而喻。如果将实时机器振动数据与故障数据库中宝贵的专家经验相结合，就可以更加有效地监测、过滤和响应故障情况，极大提升预测性维护的水准。

具备战略眼光、看重资料库价值的智联网公司Uptake以并购的方式获得了APT公司以及资料库的控制权。目前Uptake的估值是23亿美元，其客户包括卡特彼勒、伯克希尔哈撒韦公司的能源部门等。

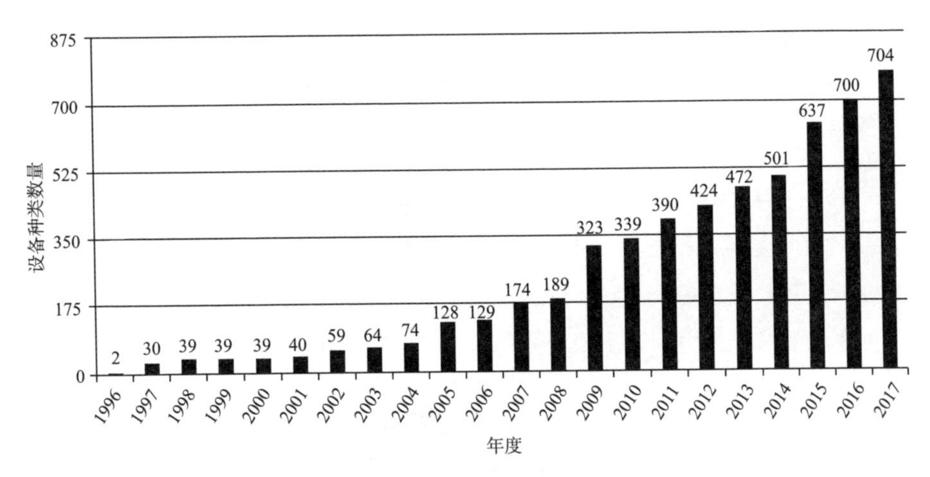


图 3-6　APT 逐年积累的设备类型

## 2. 振动信号与流程行业的过程数据相结合

企业中的数据格式差异很大，有些是高度结构化的，比如传感器数据，相对容易解析；有些是非结构化的，比如维护日志——针对同一台设备出现的同一种状况，一名操作员可能会记录为“压缩机流出一种闻起来像臭鸡蛋的浅棕色液体”，而另一名操作员有可能则会记录为“压缩机流出一种像酱油一样的东西，闻起来没有食欲”。

训练机器学习模型，理解这些信息的含义，以及进行多种维度的数据集成，对来自不同信号源的数据重要性予以划分，以便自动对故障模式和维护建议进行分类，这些工作耗费了智联网公司很多的时间和精力。

但只做这些仍旧是不全面的。如果只获取机器振动相关的信号，对于预测性维护来说，往往还不够完备。虽然处理振动相关的多变量时序数据，从中提取特征已经不容易，但做好预测性维护更是难上加难，振动数据需要进一步与过程运营数据相结合，才能准确掌握设备的健康状态。

在电力、石油、化工、冶金等各种流程行业中，普遍通过将实时数据库和过程控制系统进行整合来实现生产过程的优化。这些系统中流动着生产过程中的实时数据，是企业最有价值的信息财富，是整个企业信息系统的核心和基础。

但在一般情况下，设备振动数据和流程控制数据分别存储在两个独立的系统中，彼此之间并不集成（见图3-7）。预测性维护恰恰需要振动数据与流程行业的运营数据紧密反馈和频繁迭代，而且这种操作最好可以自动完成，以减轻中小企业对于人力和资本投入的负担。

图3-7　独立存在的设备振动数据和流程控制数据

于是有些智联网公司想到与现有的实时数据库企业合作，比如Petasense和OSIsoft之间的合作。Petasense成立于2014年，是初创型的智联网公司，监控关键旋转机器的运行状况，提供预测性维护解决方案。OSIsoft成立于1980年，是一家实时数据管理软件制造商，旗下的PI实时数据库系统已经被广泛应用于流程行业。Petasense和OSIsoft联合推出的预测性维护解决方案，正在被硅谷电力公司使用。

### 3. 虚拟化或轻量型传感器

意识到数据的重要性，一些智联网公司开始使用低成本的创新手段采集数据，比如针对石油和天然气行业的虚拟多相流量计。这种虚拟流量计基于云平台的数据应用驱动，将物理模型和机器学习相结合，从而降低设备的购买、安装和维护成本。

还有一些智联网公司正在想办法，利用软硬件一体化的低成本无线传感器，在原来没有数据的地方把数据采集起来，完成从0到1的突破。

能够实现这种突破的根本原因有4点，即无线连接的普遍存在，连接成本的持续降低；小型化的低成本传感器大量可用；企业开始接受边缘计算和云平台协同的思路；使用人工智能监控时序传感器数据变得可行。

当上述这些趋势形成组合方案时，便有可能形成突破性的力量。这些软硬件一体化的无线传感器采集现场信号，按照一定的周期，或者超过阈值时，将数据上传到云端。如果情况比较复杂，无线传感器有可能搭载一个分析模块，利用AI芯片检测设备异常。

决定智联网公司能走多远的，不是算法，而是数据。除了以上3种模式，面对数据从哪里来的问题，更多的智联网公司正在给出自己的答案。

## 3.3.3 你领导的不只是一家企业

掌握了数据的制高点之后，还需要融入整个社交网络，身处浪潮之中才能实现指数增长。

因为，未来人人都是领导者，你领导的不只是一家企业，你领导的更是一个社交网络。

提到社交网络，现在它已经发展得顺风顺水，每个人都身处其中。硅谷著名投资人马克·安德森曾经说："交流是文明的基石，也是许多行业在未来实现更多创新的催化剂和平台。"社交专家西奥·普里斯特利也说："透明性是新的货币。信任是我们要其支付的账单。"

对于企业来说，参与社交的目的是创造出透明性和联通性，降低组织的信息延迟。Gartner将在构思、接受和实现三者之间不浪费任何时间的企业称为零延迟企业。这是一种理想状态，若企业能这样运行，那么就能产生巨大的投资回报率。回报率能大到什么程度呢？Forrester进行了一项研究，在一个有21 000名员工的组织里使用企业社交网络，在短短半年内，该企业的投资回报率提高到原来的365%。

为什么仅仅通过社交网络，就能让投资回报率有如此显著的提升？这里需要提到一个名词：自适应式紧张。处于边缘位置的成员最有直观感受，因为企业会持续面对客户和环境变化造成的"紧张"，也就是"自适应式紧张"，因为这些"紧张"来自企业外部的压力，要么适应，要么倒闭。传统的企业层级架构把员工和这些紧张感隔离开了，所以很多人感觉不到这种紧张，也就没有危机感。而去中心化的社交网络就像生物体中的血液一样，负责沟通、传递信息与养分，每一个位于边缘的组织都可以直接去寻找外部资源，直接与之沟通。因此，社交网络将自适应式紧张感摆到台前，确保每个人对它都有深刻透彻的理解。

除了员工之间交流信息，人们所处的位置、实体物品、想法等都可以成为社交对象，定价数据、库存状况、会议室使用率乃至咖啡剩余量，这些信息现在都可在整个企业范围内广而告之，共同组成了活动流，供组织中的每一个人订阅。

任务管理也正变得越来越社交化。过去，任务管理主要通过待办事项列表来展现，而现在则正朝着更敏捷的方向转变。团队越来越多地通过推进代码、完成目标来实现自我管理，根据任务管理软件所提供的标准行事。

你所在的不仅是一家企业，更是一个社交网络，那么面对这样一个半自治、半社团、较松散的网络，怎么来领导它？谁来领导它？

作为智能制造领域的新星，上海步科自动化股份有限公司董事长唐咚，毫无保留地分享了他们的成功经验。他说："如果战略不对或是不能让所有人往一个共同的、正确的战略方向走，就像一个没有生命密码的生命体，连细胞分裂的意愿、共同成长的意愿都没有，那么这个组织一定会崩溃。"

2017年，唐咚才认识到步科要做的方向是智能制造，他想要改变这个行业、想要改变落后的制造业，但如何实现呢？唐咚给出了步科的实现步骤：

首先，梳理战略；其次把所有精力朝向工业物联网、智能制造方向，将很多产品汇聚在一个方向上。通过一条主线，把大家的创新全部放到这个方向上。

所以，在指数思维中，战略方向很重要。

因此我们可以看到，社交网络与指数思维具有很多关键性的联系，通过社交网络，组织的亲密度提高了，决策的耗时降低了，知识水平和范围都提高和扩大了，同时抓住机遇的成功率也提高了。简而言之，社交网络让企业获得指数级发展成为可能。

### 3.3.4 你领导的不只是一个人类的社交网络

社交的对象不仅限于人类，还可以是流程、产品或者平台。别忘了，智联网的使命是要构建一个完整的数字世界，物理世界中的物体，或者数字世界中的软件和平台，不参与"社交"怎么行？

具有指数思维的企业可以将自身的平台或系统"封装"起来，参与到整个产业构成的社交网络中，与其他公司深度"社交"。一个企业连接到别的企业、网络或者平台的速度越快，难度越低，那么往往这家企业的选择也就越多。

《弹性企业：商业革命的新宣言》一书中提到，企业可以建立一种“通用连接器”的机制。通用连接器就是一套基于共通标准的界面，让企业之间可以安全而有条理地连接并交换数据。因为连接的标准是公开的，每个人都知道互动的游戏规则。使用通用连接器机制，企业可以将其平台或者系统“封装”起来，让外部看不到里面的复杂情况。

某些特定类型的通用连接器，尤其是开放API（应用程序编程接口）和应用的出现，让更多企业可以快速创建轻量的内容和服务，迅速满足垂直利基市场的需求。API作为通用连接器的形态之一，令越来越多的企业感受到了API经济的力量。

到底什么是API？对于很多非IT人士而言，API≈听不懂。其实道理很简单，我们通过一个在知乎上由“简道云”讲述的小故事进行说明。比如研发人员A开发了软件A，研发人员B正在开发软件B。有一天，研发人员B想要调用软件A的部分功能，但是他又不想从头看一遍软件A的源码和功能实现过程，怎么办呢？研发人员A想了一个好主意：我把软件A里你需要的功能打包好，写成一个函数，你按照我说的流程，把这个函数放在软件B里，就能直接调用软件A的功能了。API就是研发人员A说的那个函数。

更简单地说，API其实也可比作一种为客户提供服务的方式。比如你来到饭店，服务员拿出菜单给你看，你点什么她在小本本上记什么。菜点好了之后，再把菜单送到后厨去。服务员记录（输入）的是一道道菜品的名字，大厨加工（输出）的结果就是端过来的一道道菜。有了输入和输出，服务员就可以提供点餐服务，这就是API。

还有另外一个词SDK（软体开发工具包），经常与API结合使用。比如上面的故事中，服务员是中国人，顾客是美国人，怎么办？没关系，只要美国人能说中国话，这套API就可以正常使用。但如果美国人只会说英语，怎么办？这时饭店里的大堂经理来了，他来给美国人当翻译，大堂经理就相当于SDK。

API经济（见图3-8）是利用应用程序接口，将企业能力或竞争力作为服务而进行的商业交换。API经济不仅是一个引人关注的流行语，更是加速产生价值、提升业务绩效的关键，并且还是将业务服务和商品推向最广泛受众的重要推动因素。API经济能够确保公司易于开展商业合作，开辟通往新商机的道路，并由此揭开了崭新的商业篇章。企业利用API经济使其价值主张的采用变得极为简便，它们运用API来确保自身易于开展商业合作，支持的开放式平台也能够使其他企业易于创新。

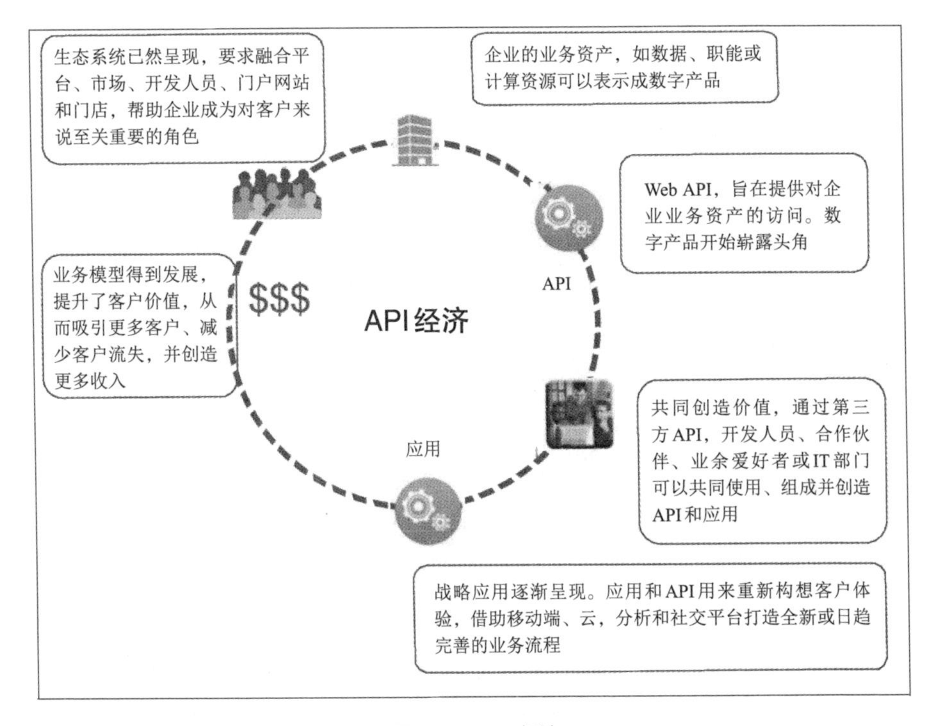


图3-8　API经济

利用API让智联网中的“对象”参与社交只是手段之一，人们还正在尝试使用SDK软件开发工具包、行业公有云或者开源互联互通标准，让更多物理世界中的实体参与到整个社交网络中。

因此，你领导的不只是一家企业，更是一个社交网络；社交网络中的参与对象不仅是人类，更是整个物理世界。

一切正在变得越来越快，你所面对的不再是一个边际效应递减的世界，而是由网络效应引发的边际效应递增的世界。在未来，商业运营规模越大，效率就会越高，每位参与者更快地提高自己能力的机会就越多。

## 3.4 杠杆思维：从自主研发到开源协作

2007年，乔布斯宣布苹果iPhone正式上市。这个消息震惊了世界，更震惊了诺基亚。几个月后，谷歌也推出了安卓的初始版本。为了构筑自己对抗苹果和谷歌的防御壁垒，同年诺基亚豪掷81亿美元，收购了一家名为Navteq的公司。

Navteq是一家导航和地图公司，是道路交通传感器的主导者。仅在欧洲，Navteq的传感器就覆盖了13个国家、35个大型城市、40万千米的道路。诺基亚认为控制了交通传感器，就能实时监控交通情况，为用户提供更多的服务。

这一策略在诺基亚看来简直天衣无缝。Navteq在交通传感器行业处于垄断地位，81亿美元虽是天价但几乎可以堵住竞争对手在同一领域的超车机会。

对于同一件事情，谷歌是怎么处理的呢？谷歌花了11亿美元买下了以色列的一家初创公司Waze。与自己研发传感器硬件的思路不同，Waze非常懂得借助"杠杆"。Waze的方式是将位置信息众包出去，利用用户手机上现成的GPS传感器获取交通信息。

由于增加每个新的“人体交通传感器”的成本几乎为0，所以只用了短短两年，Waze的数据量就赶上了被诺基亚并购的Navteq。4年之后，Waze的数据量是后者的10倍。现在，Waze的数据量超过了后者的100倍。

追求曾经“拥有”还是借助现有“杠杆”，高下立判。

### 3.4.1 不追求曾经拥有

通过上面这个例子，大家可以看出在胜负的背后，思维模式的差异几乎从一开始就宣判了两条技术路径的终局。诺基亚耗费大量金钱购买实体的传感器设备，谷歌则只是借助用户的手机作为“杠杆”来采集数据，这就是杠杆思维的实例之一。

拥有实体传感器不是目的，把资源握在自己手里也不是目的，得到实时交通信息才是最终目的。比自己研发或者购买更重要的是优先考虑有哪些现成可以借力的“杠杆”资源，或者谁已经预先解决了相关的问题。

在实体物理世界，“租赁”取代“购买”，“杠杆”代替“拥有”的思路还算容易理解，在物联网的虚拟世界，杠杆思维的作用却更为关键。

如今产品的研发周期不再是月度或者季度，而是每天甚至每小时，完全依靠自己的能力进行研发在很多情况下往往来不及，必须懂得借助“杠杆”，以最低的成本获取技术和资源。

比如云计算就是可以借助的杠杆之一，它提供了无穷无尽的处理能力来存储和管理庞大的信息，而且其按使用次数收费的方式，完全不需要前置成本或资本投入。云计算使存储器的实际成本降到了近乎为零。云计算还使小型公司有资格与大公司齐头并进，甚至能略胜一筹，因为大型公司往往会受到昂贵的内部IT运营成本的拖累。

“拥有”一家工厂、一所实验室甚至一件科研工具的需求正在逐步降低。

就连苹果其实也是通过“租赁”富士康的生产线来制造自己的产品。随着工业物联网的发展，完全有可能让产品的整个制造周期全部外包出去。

### 3.4.2 拥抱开源

在物联网领域，最常见的“杠杆”是什么？是开源工具。

懂得使用开源工具，不仅可以提高研发效率，而且意味着企业可以获得数十位或者上百位开发者的帮助，可以借助开源社区的网络效应，从此驶上研发与学习之路的“快车道”。

拥抱开源，对于物联网企业来说不是可选项，而是必选项。开源工具不仅是一种工具，更是一种社群力量。开源具有双向性，一方面是使用现有的开源工具，另一方面是将自己研发的工具放到开源平台，吸引更多的生态开发者和合作者参与其中。

软件领域的开源范式诞生于1991年，Linus Torvalds创造了Linux，形成了第一个全球范围的开源社群。1998年，IBM进行了一份调查，询问了100名CIO是否在其公司内使用开源软件，95%的人回答“没有”。具有讽刺意味的是，同样的问题，当调查对象换为程序员时，95%的人回答“有”。这次调查的结论超出了IBM的预料，从此IBM决定进行重大战略转移，逐步走向开源。

2008年3个极客创立了一家名为GitHub的公司。GitHub的两个做法彻底改变了开源社群，一个是GitHub集成了即时通信功能，开发者可以互相审核、评论和打分；另一个是GitHub并未采取中央性的代码库，而是采用分布式的版本控制系统。

GitHub更像是一个程序员的社交网络，其核心是人与人之间的彼此协作，而不仅仅是一个开源代码平台。根据官方发布的数据，2018年加入的新用户比GitHub最初6年加入的总和还要多，而且这一增长趋势没有任何放缓的迹象，同时2018年的独立贡献者数量是2017年的1.6倍。

拥抱开源可以缩短研发周期，节省成本，降低系统性试错的风险，并享受群体智慧以及持续更新带来的好处。

接下来我们谈谈在智联网领域拥抱开源，使用“杠杆”思维的例子。

还是从一个故事说起，主人公是博世公司。随着公司的发展，博世意识到需要建设物联网平台将数百万物联网设备管理起来。经过评估，它们面临3种选择，即：

（1）自己研发智联网平台；

（2）将智联网平台的研发任务外包给第三方；

（3）使用开源的智联网平台。

很快，第2个选择被否决了，博世不希望将核心平台外包给OEM（Original Eguipment Manufacture，原始设备制造商），承担不必要的风险。之后被否决的是第1个选择，自己研发的成本高、周期长，还不一定能满足需求。在看到了开源软件的优势之后，博世判断未来5～7年开源将是智联网领域的重要趋势，因此决定采用开源的智联网平台。

博世选择性地加入了开源社群，并制定了“开源优先”战略，创建了6个不同的智联网开源项目，在最近的一篇博客文章中，博世总结了拥抱开源的如下好处：

- 开源项目的调用，大大提高了团队的开发效率。博世的软件质量获得了持续提升，不必“拥有”开发者就可以借助他们的群体智慧。同时通过与开源社群的互动，博世内部工程师的学习速度得到了很好的锻炼和提升。

- 开源有利于迎击竞争对手，开源智联网平台相比专用智联网平台具有更好的生态基础。通过开源社群的互动，博世可以更好地与Red Hat、Sierra Wireless、Cloudera等生态伙伴合作，提供完整的解决方案。
- 博世的客户可以对开源智联网平台的未来方向产生更大的影响，并且参与到极为透明的开发过程当中。

### 3.4.3 "杠杆"随处可见

在第2章中谈及的智联网"公板公模"趋势，也是智联网企业可以借力的"杠杆"。为什么说公板公模的威力巨大？从计算机以及互联网的发展路径中，可以看出端倪。

《雪崩效应》一书中认为，一种技术或者产品，表面上看起来是浑然一体的，但如果仔细观察，就会发现，它其实是由若干个不同的部分组成的，可以将它们小心地拆分开来。通过拆分，采用分而治之的方式，可以有效降低技术或者产品的推进风险。

计算机以及互联网都通过这种分而治之的方式，取得了极大的发展。通用的计算机零部件，与硬件解耦的标准操作系统，使计算机制造的产业链形成了"术业有专攻"的局面。专业的人做好专业的事，其他的人通过"租借"现有的成熟"模块"，在其上搭建自己的竞争力版图。

在万维网出现之前，人们传送电子文档的过程特别痛苦。如果一个厂商给你一张目录磁盘，想要读取的话，必须安装一种特殊的浏览程序，而且每个厂商的这个程序都不相同。有了万维网之后，无论使用哪种浏览器，都可以轻松阅读各种电子文件，从而打破了文件与程序软件之间的强耦合关系，从此互联网企业可以借助万维网这个"杠杆"，迅速推广自己的内容和服务。

模块化的计算机零部件、标准的万维网沟通界面，以及智联网正在推进的公板公模，都是分而治之思路的体现。如今公板公模在智联网领域落地尚需披荆斩棘，在这方面的点滴进展，都是值得关注和使用的“杠杆”。

### 3.4.4 生物型组织就在身边

最后，让我们以上海步科的生物型组织转型的实际案例结束本章内容。

步科的具体实施步骤包括产品部门的“细胞化”、薪酬体系的变革，以及让管理者真正关心员工的成长等方面。步科董事长唐咚亲自讲解了他们的实战经验。

2015年年初，我们开始考虑将产品部门“细胞化”，一家企业最核心的是把产品做成功，但应该如何做呢？经过思考，我们将产品部变成“细胞组织”，一改过去的职能型结构。

为什么是细胞？细胞作为一个生命体，它的新陈代谢是由自己决定的，所以，细胞是自组织单位。一个产品部就是一个细胞，产品总监是细胞的领导者，每个细胞自组织、自管理，类似于内部创业公司。绩效评估只针对细胞组织，而不是个人。因为一定要激发每个人的激情。

最后我们完成了生物型组织的变革，即细胞+组织液+生态圈。步科是自组织单位，我们称为细胞组织。具备社交属性的协作社群就像组织液一样，负责沟通、传递信息与养分。每一个细胞组织都可以直接去找外部资源，直接与之沟通，这种方式非常像一个生物体。其最核心的就是自我管理、自我协作、自我进化。

在2015年随后的时间里步科逐步转型为生物型组织，这个事情做得既激动又兴奋，但到2016年的时候，新鲜劲儿一过问题就来了：我们发现生物型级织必须涉及管理层薪酬变革。不涉及薪酬变革很难彻底调动人们的积极性，而薪酬变革中最难改的就是管理层。我们需要对管理层进行变革，让角色取代职位。如果企业真的想成为生物型组织，就不能采用金字塔型的管理架构。

职位无非就是一个角色，你可以把管理层的职位全部去掉，但从本质上需要怎么体现角色呢？答案就是薪酬变革。我们把薪酬变成：固定能力的薪酬+角色津贴+绩效奖金+股份期权。我们是一个员工持股公司，股份期权是实实在在给到员工的，差不多8个人里就有一个人真正持股。

薪酬变革在实际操作的时候，遇到了很大的阻力。一方面是人力资源的不配合，另一方面是因为薪酬变革涉及人们的心理落差。但不管怎样，我们终于全都克服了。一开始我觉得和每个人去谈，不可能忙得过来，但后来我发现，我不是忙不过来，我只是没有把心真正放在员工的身上。

我所认为的把心放在员工身上，是当你面对员工是如何进步时，你关心的不只是员工本人，更重要的是在教他的管理者应该如何帮助这个员工来设定他的绩效目标，以及如何按照员工的需求帮助他去实现这个目标。

总之，如果想向生物型组织转型，首先要想想自己有没有能力，有没有决心，决心有多大，要真的使企业焕然一新。我们的逻辑是把人的激情激发出来，让组织走向成功。

## 【本章总结】

在这个飞速发展的世界中，工业时代的组织架构和思维已经无法满足智联网的发展需求，内力是外功的基础，企业的内在思维需要配得上外界技术的发展。总会有一些人，率先拥抱生物型组织，利用边缘思维、指数思维和杠杆思维，下放控制权、建立社交网络、支持团队自治，提升企业的自适应能力，为合作伙伴和客户创造开放和信任的环境，把企业当作复杂的智联网自适应系统来管理，并不断推进组织的学习和进化。

杰克·韦尔奇曾经说过：最好你主动变革，而不是让变革找上你。

## 【精华提炼】

智联网中的边缘智能、实时通信与价值追溯，这些思路不仅适合于系统设计，还适合于组织重构。具备智联网思维的人才可以成为这些新思维的“首席执行官”，他们不仅是智联网系统的构建者，更是企业组织的设计师。

### 1. 边缘思维

边缘通常对中心具有改造性的影响，边缘永远是变革的引擎。智联网的发展把我们带到一个全新的世界中，由于新型数字化基础设施的出现，处在边缘位置的人们拥有史无前例的以较低代价获取资源的能力，进而改变流程、创建企业，乃至颠覆产业。

我们需要持续面对客户和环境变化造成的紧张局面，也就是“自适应式紧张”。你是控制型思维方式，还是协作型思维方式？这个选择决定了你是否容易推动和适应从边缘到中心的变革。

### 2. 指数思维

未来企业组织中的决定性指标，不再是投资回报率，而是学习回报率。未来人人都是领导者，你领导的不只是一家企业，更是一个社交网络。社交的对象不仅限于人类，还可以是流程、产品或者平台。

### 3. 杠杆思维

“租赁”正在取代“购买”，“杠杆”正在代替“拥有”。当企业遇到问题时，应当优先考虑有哪些现成可以借力的“杠杆”资源，或者谁已经预先解决了相关的问题。

在智联网时代，最常见的“杠杆”就是开源工具。懂得使用开源工具，不仅可以令企业获得众多开发者的协助，还可以让企业借助开源社区的网络效应，从此驶上研发与学习之路的“快车道”。

Part 2

第二部分

# 智联网思维演化的商业模式

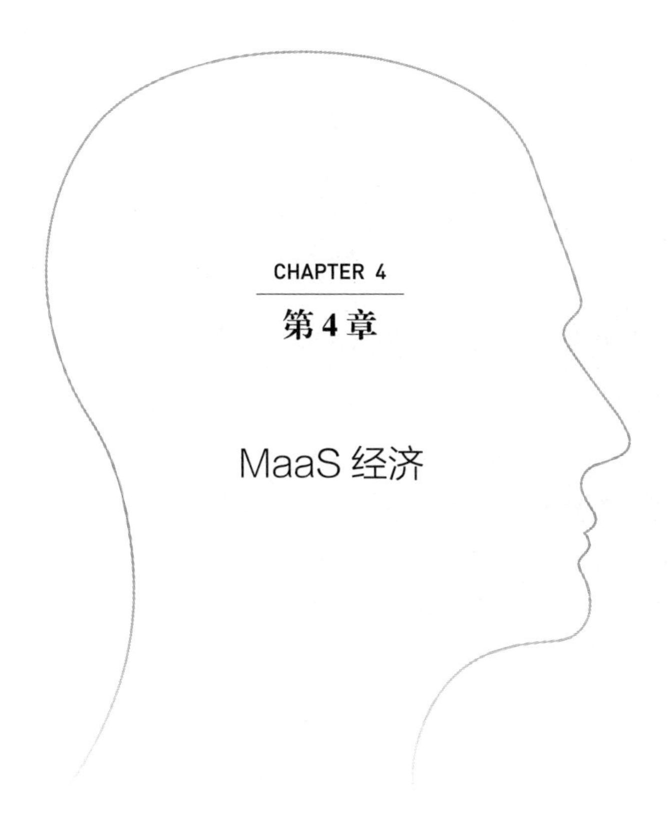


【问题清单】

- 智联网企业应该如何设计商业模式?
- MaaS经济是如何演变而来?
- MaaS给智联网企业带来了什么?如何落地?

## 4.1 商业模式正在加速螺旋式演进

在互联网发展初期，从20世纪60年代的IBM的大型商务机Mainframe开始，采用的都是集中式计算，优点是用户不需要考虑任何硬件、软件的功能配置，缺点是没有可伸缩性。随后，螺旋式演进的过程进行了反转，与集中式计算反向的分布式计算萌芽，从台式计算机、便携式计算机、功能手机，再到移动互联网时代的智能手机，分布式计算的优点是每个节点都有计算功能，缺点是每个用户都需要管理自己的硬件和软件。

再后来出现了云计算，把大量的数据交给“云”去处理。可以说，云计算实际上是又螺旋回到了集中式计算，它免去了用户对服务器的大量管理和配置工作。那么现在，这种螺旋式演进是不是又将摆回到分布式计算？答案是肯定的，这就是当下大热的智联网边缘计算。

在这个过程中，其商业模式也发生了几次潜移默化的转变。这种商业模式的变化，在吴军的《浪潮之巅》一书中进行了很好的诠释。

在互联网时代，IBM不是单纯地销售硬件，而是连同软件、服务和运营一起提供，软硬件和服务实现深度绑定。在IBM公司内部，从处理器研制、到硬件制造、软件开发，都需要自己做，因此每个系统的成本都非常高，整个计算机行业都没有明确的分工，在这种模式下软件的价值必须通过销售硬件和提供服务来体现。当时IBM认为计算机盈利的部分是硬件，而不是软件。但是事实证明根本不是这么回事。

之后，产业链进一步分工。英特尔花费上千万美元开发芯片，然后再卖给计算机厂家。当时主要的计算机厂家，如IBM、DEC和惠普都觉得购买英特尔的芯片比自己开发成本低，便接受了。从此以英特尔、AMD为代表的企业开始只卖芯片。

而另外一批以甲骨文和微软为代表的企业，开始只卖基础软件。而且微软和甲骨文支持合作者在它们的系统上进行二次开发，提供更多满足用户需求的应用软件，并鼓励合作者为用户提供更多服务。微软创立后，更是成功地向全世界宣告，只要微软把操作系统平台做好就足够了，至于操作系统上需要什么应用软件，就交给各个软件公司和个人去完成。至此，从商业模式上，硬件、软件和服务的销售实现了解耦。渐渐地，操作系统和软件的重要性超过了硬件，因为软件才能真正地改变人们的生活。

英特尔和微软等公司推动的个人计算机软硬件的整套商业模式，使计算机的使用越来越普及，人们的联网需求也因此越来越旺盛。从事互联网服务的雅虎推出了互联网行业的商业模式：开放、免费和盈利。

其实雅虎并不是第一家从事互联网服务的门户网站，在雅虎成立之前美国在线（AOL）已经开始提供普通用户的互联网接入业务，但是它的商业模式与互联网的发展并不匹配。AOL卖给每一位想上网的用户一个调制解调器，利用电话线拨号上网，并支付网费。雅虎最先认识到上网费这笔钱是越挣越少的，就如同计算机硬件厂商的利润越来越薄一样，而门户网站的钱却可以越挣越多。因此雅虎采用开放的方式大量获取流量，免费向用户提供内容服务，然后用客户的广告费养活自己并使自己发展。同时谷歌也认识到，在互联网时代，能够让所有人很容易地免费上网，并方便地找到自己想要的信息的公司，必将成为互联网的时代之王。因此谷歌将雅虎的商业模式发扬光大，创造了数千亿美元市值的奇迹，渐渐地，设备的重要性，已经让位于互联网内容服务的重要性。

随着移动互联网时代的到来，各家公司分别对商业模式进行了迭代。芯片领域的高通并没有单纯地延续英特尔的老路，而是推行技术专利许可这一支柱型的商业模式。简单地说，高通把专利授权转让给需要的公司使用，并从中收取专利许可费用，这种模式可以帮助一些小公司不需要太高的技术门槛就可以进入行业。

谷歌并没有像微软销售Windows那样，通过售卖手机操作系统（安卓）获利，而是选择将其开源。2007年底，谷歌联合全球几十家运营商以及手机制造商、芯片制造商成立了安卓联盟。得到整个行业支持的谷歌一旦发力，就不是哪一家公司可以抗衡的了。

在商业模式上，谷歌将自己的广告模式应用于移动互联网，并且利用数据经济将这种商业模式进行了延展。智能手机的出现让互联网从固定的PC端转到移动的手机端，为线上线下的数据整合提出了新的挑战，也让更有针对性的广告推广变为可能。谷歌不断发力整合资源，目的是保证自己的在线广告推广有吸引力，同时发力分析工具和大数据，为企业提供点到点的商业分析解决方案。同时，谷歌通过APP商店Google play，获得收费应用程序和音视频内容的分成。

在云端，亚马逊推出了风格独特的云计算产品，也参与开创了云计算的商业模式。为什么亚马逊能够从一个书商，成功转型为一家云服务提供商呢？最初，为了支撑在圣诞节等热销期间，庞大并发用户数量的访问和交易，亚马逊部署了大冗余的IT计算和存储资源，而这部分IT资源在绝大部分时间里都是空闲的。因此亚马逊提出一个大胆的想法：将多余的计算资源租赁给用户。

此后，亚马逊尝试将云计算建立起来，并对外提供效能计算和存储的租用服务。亚马逊的云计算产品总称为“亚马逊网络服务”（Amazon Web Services），用户仅需要为自己所使用的计算平台的实际用量付费，这样因需而定的付费，相比企业自己部署相应的IT硬件资源，费用降低了很多。有了云计算，计算机和手机等终端的性能可以进一步调整，不再需要安装大量的软件，相关的文字处理、图片存储、视频播放等功能直接通过云平台进行处理，用户不仅可以随时随地访问、共享和处理信息，还可进一步降低投入的总体成本。

互联网相关技术之外以及每一项新技术诞生的时候，都伴随着前人对于商业模式的奇思妙想。

到了智联网时代，建设数字星球“赛博坦”的任务非常艰巨，在这个领域中最成功的主导公司将是能够帮助世界上每家企业轻松使用智联网的公司。实现这个愿景，需要将智联网的基础设施带入各行各业，让每一家企业都能够使用智联网，想要做到这一点，必须先让智联网的联网成本降下来，让软硬件方案变得更容易上手，更加可靠易用。就像互联网普及的早期阶段那样，最大限度降低用户的联网成本。在这个过程中，也逐渐演化出了新的商业模式。

### 4.1.1 迈入亿级时代，智联网企业成功突围要靠商业模式创新

2018年11月，中国电信宣布物联网专网用户数量突破1亿大关（见图4-1）。遥相呼应了3个月前，中国移动发布的2018年上半年财报，其中物联网业务的数字也同样抢眼：物联网连接数已达3.84亿，同比增速超过150%，远远领先于移动手机和有线宽带用户的增速。

物联网连接数的增长超出了运营商本身的预期，每一小时、每一分钟，物联网用户及设备量都在不断激增。然而，另一个不可否认的事实是，物联网收入在运营商总收入的占比微不足道。以目前超过40%的收入增速来计算，中国移动物联网业务收入在5年后仍然难以达到整个业务收入的5%，如此小的比例肯定不能承担起运营商“新的增长动力”的要求。

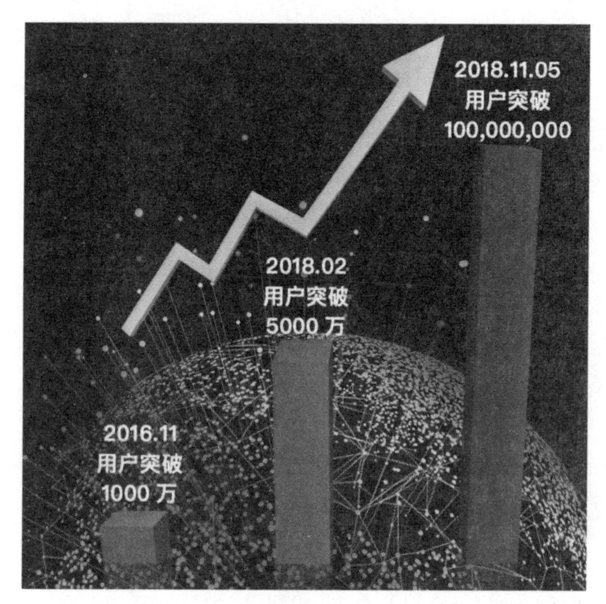


图4-1　中国电信物联网专网用户数量增速数据

在智物联网连接数闷头狂奔的同时，运营商们不得不面对这样的拷问：迈入亿级时代的物联网，如何从“量变”走向“质变”，如何增量又增收？

同时提出灵魂拷问的是马化腾。2018年10月底的一个深夜，马化腾突然在知乎上现身，并且提出一个问题：“未来十年哪些基础科学突破会影响互联网科技产业？产业互联网和消费互联网融合创新，会带来哪些改变？”

马化腾的问题代表着一批互联网企业当前面临的困境。互联网的浪潮正从过去的消费互联网向产业物联网转移，由于人口红利释放殆尽，巨头们正在把“矛头”从C（消费）端转向B（企业）端，它们希望帮助B端企业进行数字化和智能化改造，最终打造一个万物互联的新世界。

制造、能源、医疗、汽车、交通、公共事业……似乎每一个都是触手可及的万亿级市场，更有巨头认为产业物联网的体量可能会是消费互联网的100倍。

根据普华永道发布的《科技赋能B端新趋势白皮书》预测，到2025年，

T2B2C（T指科技，B指企业，C指用户）模式给科技企业带来的整体市值将高达40 ~ 50万亿元。与之形成鲜明对比的是，中国移动互联网2018年的市场规模仅为8万亿元。

然而，美团创始人王兴曾经自问："为什么中国的T2B企业都活得这么惨？"当互联网企业纷纷转向智联网赛道时，更大的障碍在等待着它们：面对碎片化的物联网市场，如何创造商业价值？面对B端这根难啃的骨头，如何找到"肥肉"、如何变现？

### 4.1.2 智联网当前的难点，不在技术而在模式

20世纪90年代末，沃顿商学院的威廉·汉密尔顿教授基于技术物种进化思想，提出了一个新兴技术发展演化模型（见图4-2），横坐标为时间，代表新技术发展与演化的不同阶段；纵坐标为推进技术发展的努力程度，代表随着时间演化而呈现的技术成熟度。

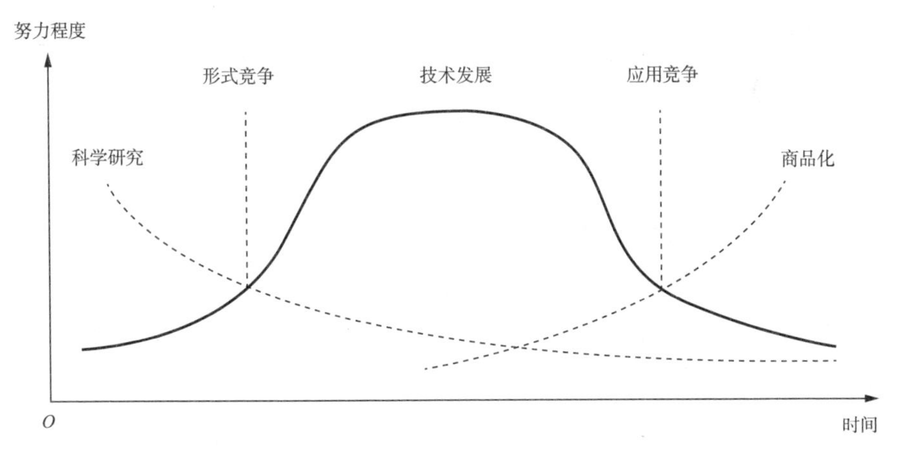


图4-2 威廉·汉密尔顿提出的新兴技术发展演化模型

从图中可以看出，一项技术从科学研究到进入市场的发展过程分为4个阶段：

（1）以科学研究为主的技术发现阶段；

（2）以持续研究和学习为主要内容的技术发展阶段；

（3）推动技术向商品转化的行动阶段；

（4）产品进入市场的竞争阶段。

在商品化的第4阶段，市场按照优胜劣汰原则淘汰不具有经济合理性的产品，领先厂商将构建先发优势。

智联网并不是单个技术，而是技术集群。就单个技术而言，竞争依据是技术本身的可行性和社会接受程度。随着数量庞大且多样化的智联网设备纷纷联网，当前智联网面对的最大难点是，已经从技术发展阶段逐渐步入应用竞争和商业模式阶段。

### 4.1.3 智联网企业的三种类型

智联网企业应该如何设计商业模式？如何盈利？没有对产业的整体把握，就很难把握商业时机，运筹帷幄，我们不妨先来看看智联网企业有哪几种类型。

（1）硬件与通信类企业。

这类企业提供智联网的底层基础设施，包括终端和通信网络，如戴尔、华为，以及研华科技等企业。这类企业在相对碎片化的智联网市场中最容易形成规模，但竞争也相对激烈，如果无法形成差异化的优势，很容易演化为低成本竞争的红海市场。

（2）应用与服务类企业。

这类企业提供智联网的应用开发和服务运营，此处借鉴华为软件首席战略规划专家宁宇的分类方式，将其细分为三种类型，即智联网产品应用提供商（类似于传统互联网的商业模式)、智联网数据分析服务商(类似于大数据的商业模式)和智联网连接运营商(类似于电信运营商的商业模式),如图4-3所示。

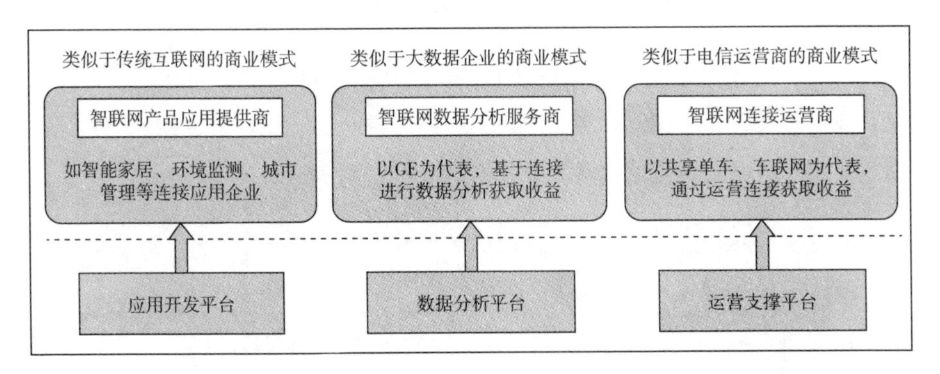


图4-3 智联网企业中的应用与服务类企业

- 智联网产品应用提供商。这些企业多是技术型的，基于智联网的技术开发出许多新奇好玩的东西，试图找到"爆品"。这样的企业在智联网中占有很大比例，创新企业在风险投资或者其他投资者支持下，研制开发出或经济实用，或脑洞大开的应用。
- 智联网数据分析服务商。智联网采集到的数据，会比以往大得多，而且商业价值往往非常明确。比如制造企业利用采集到的工业数据优化生产，医疗健康产业通过收集患者数据指标进行诊治，城市管理者根据监控数据调配资源。
- 智联网连接运营商。基于连接面向个人客户开展租约式服务，是智联网产业发展到一定阶段时出现的新型企业。这些企业面向客户提供服务时，需要做受理、开通、计费、收费、服务等，它们和电信运营商现有的流程和规则非常接近。

(3)智联网平台类企业。

智联网平台是将一些共性的IT能力整合在一起，位于连接和应用之间，或者为了聚合底层的连接，或者为了更好地支持应用开发者，对智联网产业的发展起着非常重要的作用。智联网平台企业帮助上下两端的企业建立低成本的连接，是支撑物联网应用、运营和发展的另一类基础设施。

目前仅提供智联网平台的企业较少，大部分企业在提供智联网平台的同时，要么涉及硬件与通信，要么涉及应用与服务，而智联网平台在这两类企业看来都属于战略要地，这也就导致智联网平台的数量持续高涨。

从商业模式分析，平台类企业的大部分营收往往在平台之外。如果跨界来看，电话时代的通信平台AT&T，计算机时代的软硬件平台IBM、微软，互联网时代的平台雅虎、谷歌、Facebook，移动互联网时代的操作系统创造者苹果、谷歌、腾讯，云计算时代的企业服务平台亚马逊等，它们的商业模式围绕平台设计，但又不局限于平台本身。

那么，回到最初的问题，智联网企业应该如何设计商业模式?

商业模式简单地说就是企业通过什么方式赚钱，如果想在智联网时代实现成功，就必须改变原有的商业模式。正在崛起的智联网崭新商业世界与我们熟知的世界大有不同，智联网的基础设施可以像“血液”一样输送给万千企业。各种存储和计算的硬件支撑，各种人工智能、深度学习等算法，各种专门领域所需要的能源管理、数据分析、投资回报率核算等应用程序，人事财务、物流仓储等企业级服务可以唾手可得时，将会实现对现有传统产业的一次极大颠覆。智联网还将变革产业链中各个企业之间的关系，这种关系的转变将会引发商业模式的变化。

在智联网落地的过程中，平台、软件和应用的作用日益凸显，智联网的很多价值需要通过软件体现。在美国、日本和欧盟大多数国家，企业级IT信息技术与服务市场，包括企业级软件市场的规模，比个人用户市场要大得多。但在中国，大多数企业还没有培养起购买软件的习惯，市场上充斥着盗版资源，并没有成型的软件和应用服务市场。这也许是在智联网商业模式设计的过程中，最需要解决的问题之一。

因此，商业模式的变革很有可能会经历一次螺旋式的反转，随着智联网软硬件朝向轻量级发展，软硬件与服务的绑定将会再次发生，不少企业开始从软件许可证业务模式到订阅型业务模式过渡，按照连接数和流量收费，同时参与到智联网方案的后期运营中。通过支付运营服务费的方式，间接支付软件的费用。

智联网时代正在演化出符合生产需求的商业模式，下面将探讨由智联网思维演化出的3种商业模式中的MaaS经济，生态经济与E2E经济将在随后的两章中探讨。

## 4.2 从“制造”到“制造即服务”：MaaS

我们已经从稀缺走进富足。未来学家保罗·萨佛发现，人类最初是一种生产型的经济模式，后来转变成了消费型的经济模式，而今又朝向创新型的经济模式迈进。从前，稀缺意味着价值，也就是说，如果没有稀缺性，你就做不了生意。而现在，应该被管理的是“富足”。

在上一个经济周期里，中国取得的最辉煌的成就是成为了首屈一指的制造大国。制造业一直是中国的支柱产业，得益于改革开放后的数十年发展，中国一度成为“世界工厂”，积累了大量的劳动密集型产业和高科技创新型产业，形成了完整的产业链条，因此也成为了大国之间关系的焦点。

在接下来的经济周期里，国际贸易分歧很可能长期存在，与其注重短期的攻防套路，不如将视线移至长远，做正确而非容易的事，提速工业物联网在制造业的发展，沉淀科技筹码，行至下一站，坐看云起时。

智能制造和升级转型虽然已经提了多年，但传统企业向智能企业转型的红利期仍将持续。许多优秀的制造企业蓄势待发，大量汇聚技术、人力、资本，准备在新一轮的竞争中脱颖而出。

越来越多的制造企业正在形成基本共识，工业物联网是这些企业在转型升级过程中可以借助的有效工具。尤其从2019年年初开始，这些企业对于工业物联网的认知又进行了更深一层的思考和迭代，这次认知升级虽然微妙但却触及本质。

这些企业不再把工业物联网当作仅仅进行数据采集和机器控制的手段，而是希望以连接为基础，以数据为生产资料，以工业物联网为生产力，通过机器和流程的智能化改造生产关系和商业模式，研发、生产、销售、使用环节彼此成就，再铸更高层次的辉煌。

铺设这一更高层次的辉煌愿景，更像是一次国家竞争力方向的重塑。这一次，我们需要凭借科技实力对劳动力技能和基础设施进行大规模的转化，完成从制造业到制造即服务（Manufacturing as a Service，MaaS）的迭代。

乍听起来，创造以制造服务业为主要驱动力的经济体与深置于我们思想当中的重物质生产、轻服务的观念互相违背，但其实这是一次第二产业（工业）与第三产业（服务业）不可避免的融合。

“客户不是要买电钻，而是要买墙上的那个洞”，道理我们都懂，但是“电钻”的成本很好计算，“洞”的成本应该如何计算？如果价格不合理，太贵的“洞”客户很难买单。从大批量制造，到个性化生产，再到MaaS模式的演进，过去制造业赖以生存的规模效应消失了，在小规模生产的前提下，产线投资和运营成本都无法被继续摊薄。

不付出代价，怎能换来价值？个性化生产与MaaS模式的成本，与大规模制造相比，一定是提高的。产品和服务将会越来越贵，其边际成本并非为零。

在这种情况之下，如何有效地控制人力投入，提升服务的性价比，完成从卖设备到卖服务的转变?

答案听上去很简单：通过工业物联网为制造业赋能，历经从边缘智能、互联互通、到云端升华的过程。如何实现制造企业向MaaS模式的演进，通过数据创造价值的需求，是摆在工业物联网企业面前的一道必答题。

然而在MaaS模式落地的过程中，实际操作起来，困难重重。当下众多的工业物联网（IIoT）平台，大部分还在到处“撒胡椒面”似的“拉帮结派”。殊不知，如此简单就能圈到的所谓“盟友”，来得快，散得也快。如果不能通过工业物联网平台创造价值，终究是无用功。

虽然未来的制造即服务产业将是什么形态，现在还很难把握，但至少我们可以从贯穿始终的“生命”视角，静下心来观察产业。在这个视角下，每个产业都像是一种嵌套生命，其中的每个企业都有自己的新陈代谢周期，都有自己信息技术（IT）与运营技术（OT）融合的节奏，还有自我实现智能化与自动化的韵律。细胞如果生长动力不足，将会面临老化，细胞如果自我复制的欲望太盛，又会演变为癌症。

比把握细胞的生长更难的是拿捏制造业转型的节奏。互联网领域的创新一直在快速迭代，制造业往往望尘莫及。为了更好地对制造业进行把握，我们需要认清以互联网为代表的信息产业和制造业之间的差异。当然制造业受到硬件迭代周期的限制是出现差异的主要原因，但还有两个方面的原因值得注意。

（1）互联网的分工更加明确，不同环节之间彼此解耦。

由于云计算等服务相对完善，互联网的开发者可以更加聚焦于产品和用户，不必过多考虑服务器等基础设施；而制造业领域的创新者们，则必须更多地考虑是寻找原始设备制造商还是自建生产线等问题。因此，如果“云工厂”的愿景能够落地，将生产能力以赋能的方式对外输出，将能极大地激发工业领域的创造力。

那么，什么是云工厂？简单地说，云工厂是一种按使用量付费的模式，提供可用的、高效的、按需供应的生产能力，各种设备作为基础设施可以被不同制造需求调用，而制造业领域的新型企业只需投入较少的人力用于制造流程管理，从而将更多的精力解放出来用于产品创新。

（2）互联网企业往往直接面对消费者，距离终端"商流"较近。

掌握了终端"商流"，在整个产业链中自然会拥有更多的话语权。互联网企业直接面对终端消费者，可以快速迭代商业模式和调整经营策略。

而制造企业普遍位于产业链上游，对自己的设备用户尚不明确，对产品传导到下游终端消费者时的情景更是所知有限，因此，很难对市场变化做出快速响应。但是，这种局面很有可能在未来几年出现改观，推动制造业产生巨大变革的关键因素就是工业物联网，而变革的方向便是MaaS。那么MaaS到底应该怎么做？

### 4.2.1 MaaS应如何落地

我们似乎通过工业物联网找到了行动指南：基于工业物联网，制造业通过工厂现场、企业IT系统、平台、用户和产品设备的互联，以"智能工厂"与"企业IT系统"为基础，实现企业的智能化生产、用户的个性化定制、企业之间的网络化协同和产品的服务化延伸等诸多新模式，有效激发制造企业的创新活力。

第一步：个性化定制。

个性化定制是指利用互联网平台和智能工厂，将用户需求直接转化为生产订单，实现以用户为中心的个性化定制与按需生产，有效满足市场多样化需求，解决制造业长期存在的库存和产能问题，实现产销动态平衡。借助互联网平台，企业可与用户深度交互、广泛征集需求，运用大数据分析建立生产模型，依托柔性生产线在保持规模经济性的同时提供个性化的产品。

个性化定制正在成为传统制造企业创新的新模式。其中，大规模定制主要针对群体需要，深度定制针对个体需要，众创定制是众多客户共同参与互动。当前，服装、家居、家电等领域已开启个性化定制，未来按需生产、大规模个性化定制将成为制造业中诸多产业的发展常态。

第二步：服务化延伸。

服务化延伸是指企业通过在产品上添加智能模块，实现产品联网与运行数据采集，并利用大数据分析提供多样化智能服务，实现由卖产品向卖服务拓展，有效延伸产业价值链条，扩展利润空间。当前，制造业正在积极地探索从以传统产品为中心向以服务为中心的经营方式的转变之路，通过构建智能化服务平台和让智能化服务成为新的业务核心，摆脱对资源、能源等要素的投入，更好地满足用户需求、增加附加价值、提高综合竞争力。基于制造业的服务化延伸已经成为越来越多制造企业销售收入和利润的主要基础，也是制造业竞争优势的核心来源。

### 4.2.2 MaaS的表现形式：万物运营商

什么是万物运营商?

当一个智联网企业不再是仅仅追求将产品卖给用户，而是在原有基础上不断提供各类附加服务，不断产生新的服务内容和收入方式时，也就是从单纯的“制造”，慢慢转变为“制造即服务（MaaS）”，就具备了成为“万物运营商”的基本条件。

“万物运营商”对你来说可能还是新鲜术语，其实它们的雏形已经遍布于智能网联汽车、智慧城市、工业现场、智能物流、智能建筑等产业和消费性市场领域。这种新型的“万物运营商”，一方面依赖于智联网技术改造原有产业；另一方面正逢智联网时代的额外红利，围绕其建立产业生态，通过边缘计算与智能分析能力，打造新型服务网络。

万物运营商可以基于差异化的端到端网络架构和基础设施资源优势，面向企业或者个人客户开展租约式服务，提供受理、开通、计费、收费、运维等服务。也可以根据由智联网采集到的数据，挖掘其中的商业价值，实现优化生产、远程急救或者资源调配，做到“数”尽其用。

经济基础决定上层建筑。随着中国的改革开放，在全球化演进过程中，硬件和软件的世界性产业链体系逐步形成。其中，中国偏向硬件产业链，印度偏向软件外包产业链。

在软件定义一切的时代，智联网企业应紧密围绕场景，做到“软”中带“硬”，既有“平台”又有“运营”，才能从商业模式中突围。

探索MaaS经济模式设计时，无论是智联网产品应用提供商、智联网数据分析服务商，还是智联网连接运营商，都需要重视产品体验或者持续运营模式。

开始我们制造工具，而后工具服务于我们。正如本章的开篇所讲，我们正在经历一次螺旋式的演进过程，不仅涉及技术，而且涉及商业模式。大型机时代，IBM不是单纯销售硬件，而是连同软件、服务和运营一起提供，软硬件和服务实现深度绑定。随着科技的发展，产业链产生了进一步分工，以甲骨文和微软为代表的企业开始只卖软件许可证，不强行搭配服务，不再靠收取服务费生存，硬件、软件和服务的销售实现了解耦。

如今随着智联网软硬件朝着轻量级发展，软硬件与服务的绑定再次发生，不少企业开始从软件许可证业务模式向订阅型业务模式过渡，按照连接数和流量收费参与到智联网方案的后期运营，成为“万物运营商”。

亚信集团董事长田溯宁认为，在万物互联时代，公司的组成形态和竞争方式将会有一个极大的变化。未来可能出现大量企业新物种的“大爆发”，企业将从过去以产品和服务为核心的业务形式，转变为“客户运营商”，未来所有的企业都会变成一个类运营商企业，运营你的企业和客户。

这种商业模式的设计关键在于将数据的价值释放出来，以场景为中心，把数据与产品进行重新结合，开发出有价值的服务、功能和创意，将客户关系从销售产品转变为持续互联。

在这方面，传统企业反而更具有优势。现代管理学之父彼得•德鲁克的《创新与企业家精神》一书提到创新未必需要高科技，创新在传统行业中照样可以进行。德鲁克使用1980年代美国的数字说明，创新型企业3/4来自传统行业，只有1/4来自科技行业。

例如，在智联网时代，汽车公司不再生产汽车了，而是变成了汽车运营公司。福特汽车公司已经将自己定位为移动服务供应商，在车载网络、移动服务、自主车辆和大数据方面培养新的专业能力。福特还推出了一系列新产品，比如应用平台FordPass，帮助用户支付停车费、拼车以及获得虚拟助手的帮助，使得出行更加便利。

美国体育运动装备品牌Under Armour正在从传统的服装制造商转变为数字化健身产品和服务供应商。Under Armour支持“互联式健身”，将服装、体育运动和健康状况结合为单一综合的数字化体验。

### 4.2.3 为什么说万物运营商的时代即将成熟

从产业基础设施升级的角度来看，往往当底层技术发展到一定阶段以后，全新的机遇会逐渐显现出来，当下触发这一变革的正是5G。

你是否注意到，几乎每天都有关于5G的最新消息爆出。例如，据外媒报道，德国已决定将整个C频段划拨给5G使用。宝马、戴姆勒和大众等汽车制造商已向德国频谱管理局BNA表达了建设和运营本地5G网络的兴趣。出于对安全、可控的考虑，一些大型工业企业也正在探索5G私有网络的布局，用超低延迟5G NR链路替换和重构工厂中的有线工业以太网。德国人工智能研究中心DFKI、SKF、爱立信等机构纷纷尝试5G的工业应用，均在试验阶段取得了很好的效果。

如果说此前的移动通信主要解决了人与人之间的通信问题，那么，随着5G的到来，人们将目标指向了万物互联，预计千亿量级的设备将接入5G网络，其中包含5G在工业物联网边缘侧的应用（见图4-4）。各大运营商对5G基础设施的布局已经启动，据爱立信、GSMA等机构预测，自动驾驶汽车、无人机、虚拟现实、制造业等仅仅是5G应用的开始，它将带动智能设备的爆发，彻底改变我们的生活。

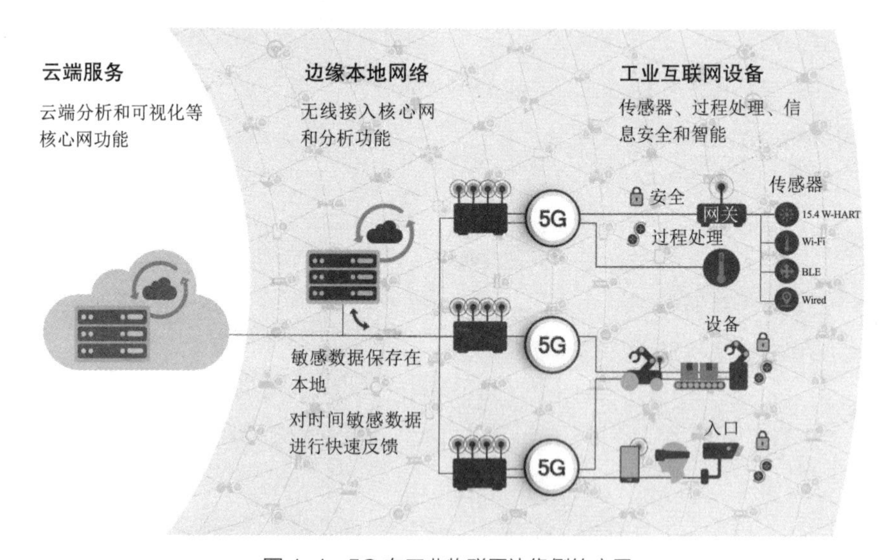


图4-4　5G在工业物联网边缘侧的应用

5G网络不仅在数据速率方面会带来很大的提升，在时延方面以及连接质量方面也会带来巨大的改善。在3GPP（第三代合作伙伴计划）的推动下，NB-IoT/eMTC及其演进技术已被纳入5G家族，以确保NB-IoT/eMTC向未来5G网络的平滑升级。在工业领域，5G正在积极与时间敏感网络TSN进行集成（见图4-5），以满足工业现场超低延迟、精确实时性、高可靠性的需求。

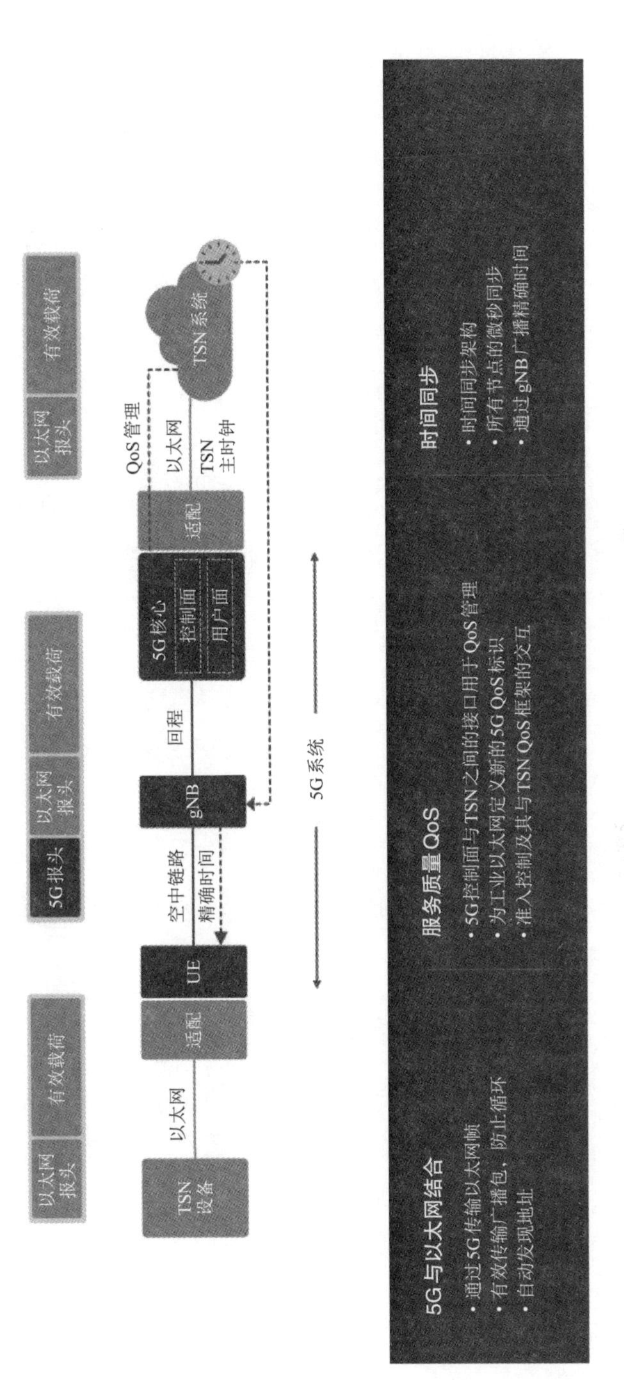


图4-5 5G与时间敏感网络TSN的集成

据预测，2025年中国将拥有4.3亿个5G连接，占全球总量的三分之一。流量的快速增长解锁了数据应用的可能性，这为依托于大数据资源进行智能决策的智联网、人工智能、商业智能等应用，开辟了更多的用武之地。

在本章中，我们曾经提到智联网应用与服务类企业，大致可分为3种类型，即智联网产品应用提供商、智联网数据分析服务商和智联网连接运营商。这些企业均是“万物运营商”的雏形。

### 4.2.4 万物运营商的杀手锏：利用数据推动创新

在数据爆炸的时代，万物运营商如何有效地利用数据推动创新？IBM甄别了5种独特的数据驱动的创新模式，如图4-6所示。

（1）增强产品生成数据的能力。

产品生成的数据一方面可以促进产品改进，提高运营效率，并且成为新业务模式的基础，对于促进产品属性改进和激发新型业务模式概念尤其有效。另一方面可使制造商能够在产品出厂后仍然与产品保持联系。连接能力可以为深化现有客户关系或者创建全新的客户关系奠定基础。

例如，劳斯莱斯的引擎健康管理EHM功能采用嵌入式传感器监控并记录压力、温度、高度和振动等飞机引擎参数。

（2）实现资产数字化。

将资产从模拟转变为数字形式可提供以前无法想象的新机遇。采用3D打印机在本地制造出数字设计的物理表现形式——这种完全位于传统供应链之外的能力有可能产生彻底颠覆的效果。这种数字化还能够扩展测量能力，从而进一步支持其他类型的价值改进能力。

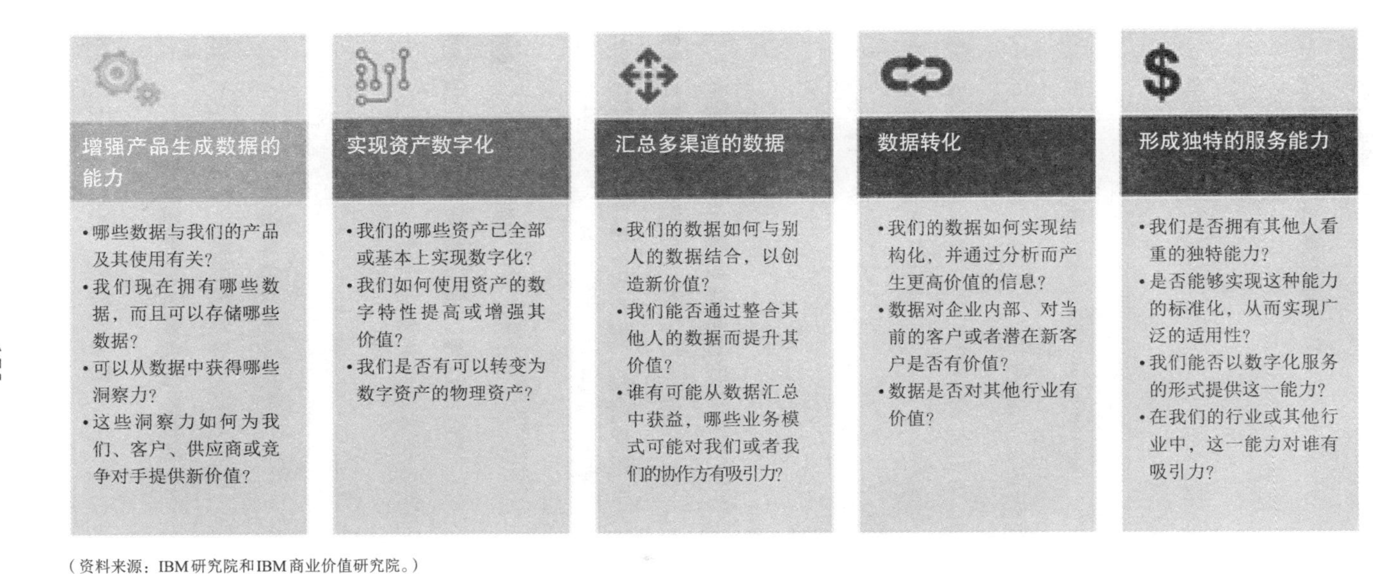


（资料来源：IBM研究院和IBM商业价值研究院。）

图 4-6　IBM 5 种独特的数据驱动的创新模式

例如，北京大学人民医院正在开展病历的数字化，并且正在整合采用移动通信和实时告警功能的远程医疗服务。最终目标是实时监控患者的生命体征，支持个性化，并提高响应能力。

（3）汇总多渠道的数据。

整合的数据可以创建减少浪费并弥合企业间差距的价值链，从而获得新的洞察力。整合的数据还可以联通整个生态系统并促进协作，这两者对于满足客户更高需求的体验至关重要。

例如，Uber通过提供手机应用和相关平台更好地匹配乘客与司机，并且根据客户需求和车辆的可用性计算实时动态价格，从而使城市的出租车和共享汽车服务发生革命性变化。

（4）数据转化。

将现有数据转化为对本行业或其他行业有价值的信息能够大大提高数据本身的价值。尤其需要指出的是，数据可以为各行业提供信息并促成新的业务模式，传播经验，领先实践并激发灵感。就是说，数据转化可以使行业融合得更好。

例如，爱尔兰海洋研究所通过一个定制门户，将其收集的环境状况、污染水平和海洋生物数据提供给其他合作伙伴。通过数据分析可以提高海水预测精度，进而实现更高效且可持续的海产品和海运运作。

（5）形成独特的服务能力。

企业内部数据能力和资产可以重新定向并且转变为自足型业务。如果企业利用数据的能力能够突破行业界限或市场环境局限，尤其是在当前新机遇迭起的情况下，将数据能力转变为独立的新业务就能够取得成功。

例如，花旗集团开发出发现市场低效的模型，因为这些低效现象阻碍了客户最有效利用付款机制的能力。

### 4.2.5 万物运营的基础在于思维转变

智联网的最大难点，不在于技术方案，而在于商业模式。商业模式的成型，不能局限于前期积累，更重要的在于思维的转变。

5G时代，底层通信的基础设施将进一步开放，可自主编排的网络资源、可自由调用的组网能力，再加上有质量保障的通信专网，这些基础性技术改良组合在一起，目标就是为了实现“网络资源能力化”，以及底层通信技术的解耦和改造，从此上层应用开发者不再受通信网络专业和边界的约束，可以根据自身需要，便捷地对底层资源进行灵活地调用和组合。

对于5G而言，最重要的是找到商业价值，尤其是企业快速增长和变现的路径，才能使运营商和产业各界同心协力发展5G。其中很重要的一点就是成本，主要体现在以下方面。

一方面是电信运营商实现网络资源能力化的成本。通信设备厂商基于通信标准进行研发，周期长且变更成本高，而且还有稳定性方面的要求，种种门槛导致它们的研发不可能像互联网企业那样以迭代试错的方式推进。如果将通信资源组合理解为通信能力的周期长、成本高、操作复杂，那么即便是理论上能实现的功能，也难以进行大规模推广。

另一方面是各行各业部署端到端5G设备与服务的成本。芯片、存储、传感器等硬件成本遵循摩尔定律，正在变得越来越便宜，但各种设备的安装、调试和运维成本不会按照摩尔定律的规则持续下降。目前设备的部署成本已经超过了硬件本身，即便对存量设备进行改造比换新设备费用低很多，设备安装工作量和成本也是必须考量的因素。

万物运营的重点不在“连接”，而在“运营”。NB-IoT的经验与教训也许可以为万物运营商的发展提供部分借鉴。在文章《NB-IoT，未来的物联网脊梁，还是扶不起的阿斗？》中，作者犀利地指出，燃气表、水表是目前NB-IoT出货的主力军，其他应用或多或少都有先天不足。比如，烟感探测器缺乏强有力的政策推动。井盖监控器在成本上并不划算、智能垃圾桶的改造经费是个大问题、树木和绿化监控无人买单、电动车GPS定位器用户体验差等。

大多数NB-IoT项目，都源自政府发起的招标，或者政府补贴的带动。这种方式，很适合在产业发展的初期进行引导，但是政府项目不可能撑起一个产业，除了社会效益还要考虑经济效益，通过满足真实需求，创造可持续的现金回报，才是产业健康发展的基础。

因此当使用NB-IoT连接各种设备时，必须考虑设备本身的运营价值。当互联网公司进行用户服务时，尚且需要考虑高净值人群与普通人的区分，智联网企业更应根据设备接入网络之后所创造的商业价值，做出运营优先级的划分。

举个例子，同样是基于NB-IoT通信技术，根据共享单车的使用数据有可能绘制出骑行热力图，从而帮助政府解决市民出行最后一公里的问题、协助交通部门预测拥堵的路段，或者帮助超市选择店铺选址的问题，共享单车的连接数量也许并不是最多的，但其运营的价值明显高于路灯、井盖。

因此当万物运营商在进行布局时，不仅要追求连接的数量，更应重视运营的质量和价值。

NB-IoT将是万物运营的“先锋”还是“先烈”？从持续演进的视角来看，NB-IoT尚处于发展的初期，此题未解。5G是否将会从根本上改变蜂窝网络，重要的不在于做什么，而在于怎么做。回顾NB-IoT的发展路径，至少可以为万物运营提供一些借鉴，少走一些弯路。

## 4.3 MaaS应用案例

我们在“MaaS应如何落地”章节中已经了解到，个性化定制以及服务化延伸是MaaS落地的有效途径，那么实际效果如何呢？下面我们将通过几个具体的案例来解答MaaS经济的正确运行方式。

### 1. 案例一：从制造到MaaS转型

我们以江苏常州一家名不见经传的包装机械厂为例。江苏金旺是一家集农化产品包装机生产研发、制造、销售、服务于一体的科技型企业，它生产的包装机占到整个农化行业包装机的60%，销售范围遍及全国甚至海外。通过与施耐德的合作，金旺尝试了智联网方式，首先解决了包装机的定制化服务和生产效率提升问题，结果带来40%的业务提升与人员“0”增加；其次金旺又开始尝试从制造到MaaS的转型，根据测算，在不增加外勤服务人员数量的情况下，不但可将整体服务效率提升35%，还能降低30%以上的成本。

MaaS的发展势头越发明显，使得德国和日本的汽车企业危机感十足。如德国的宝马（BMW）已经开始转变经营战略，从“卖车”变为“借车”。走在德国慕尼黑街头，看到满街的宝马汽车并不稀奇，这些宝马汽车不但都是共享汽车，而且还是由宝马自己运营的。其实从几年前宝马就开始积极投身汽车共享事业，使用者从预约到付款全部通过手机APP完成。在宝马看来，MaaS是一种交通整合服务的新观念，目的是打造更可靠、更经济的交通服务，比消费者自己买车还要方便。眼看一场革命即将到来，日本丰田汽车也开始有所动作，2018年6月1日丰田成立了“MaaS事业部”，把视野从汽车生产扩大到整个交通运输系统。

### 2. 案例二：数据推动创新

孟山都公司是一家跨国农药和农业生物技术公司，除了销售农药外，它还将大数据分析作为服务提供给农民。利用数据推动创新，公司推出了一种规范种植系统，该系统包括经过测绘的地块、天气模拟点，种子、收成数据等，通过对特定位置的数据进行分析，可以确定哪些种子在哪个地块以及哪种条件下生长得最好。农民采用孟山都的系统后在两年内将产量提高了大约5%。

瑞典工业机械制造商阿特拉斯·科普柯（Atlas Copco）逐渐将自己生产的各种产品变得智能化，比如空气压缩机。在实施物联网方案后，该公司将压缩机的销售方式进行了变革。从原有的按照单台售卖的方式，改为与客户签订长期合同的方式，并且在合同期内，阿特拉斯公司负责确保设备的运行时间满足需求，压缩空气的质量和能源效率等各项指数达标。利用压缩机使用过程中传回的数据，制造商可随时获悉设备的各项状态参数，这样方便知道什么时候应该供货、维修，以及获取如何改进设备质量、延长设备寿命的信息……公司的产品生命周期与用户的商业生命周期实现无缝对接，这种对接可降低产品全生命周期的单位成本、提高资源利用率、提高销量和生产灵活度。在这种新模式中，公司原来的主营产品不再是"压缩机"，而是与客户持续互动的售后服务。

### 3. 案例三：从卖产品到卖服务

消费者不再需要一个钻头，而是需要墙上的一个洞——为了摆脱价格战，喜利得这家国际性的专业建筑工具生产商，推出了名为"舰队管理"的服务。消费者不用再直接购买某一种工具，而是通过一份合同提供月度费用，即可获得一组工具的使用许可和维修服务——从卖产品转变为卖服务。

早在1994年，北美地毯制造商英特飞公司基于削减环境负面影响的动机，通过改变原材料的构成、来源、生产工艺、销售渠道、服务方式等，在集团范围内推动了一系列的技术和生态商业变革。比如，收集旧渔网用作原材料，为客户提供地毯修补服务，使产品使用寿命延长，从而逐渐把传统的"生产—销售—废弃"的线性模式改为"只租不卖"的MaaS循环模式。采用这种新模式以后，公司出售的不再是产品，而是“产品的使用价值”。9年后的业绩数据表明，在实施MaaS模式后，公司的年净利润翻了一番、碳排放量降低了82%、全球运营成本节约了4亿美元。

## 【本章总结】

对于各种新技术和新概念的“狂轰乱炸”，我们早已走出“诚惶诚恐”，变得习以为常。各种颠覆性的讨论不绝于耳。与其谈论颠覆，不如渐进思考，未来终将与旧日截然不同，要么不断重新定义自身，要么不断被别人重新定义。智联网创新型企业或者试图拥抱智联网的企业，是时候以开放性姿态接受外部影响，与新生态系统和合作伙伴保持密切接触，思考接下来的MaaS之路该怎么走。

## 【精华提炼】

商业模式简单地说就是企业通过什么方式赚钱，如果想在智联网时代获得成功，就必须改变原有的商业模式。智联网企业需要凭借科技实力对劳动力技能和基础设施进行大规模的转化，完成从制造业到制造即服务（Manufacturing as a Service，MaaS）的转化，创造以制造服务业为主要驱动力的经济体。

### 1. 智联网企业的三种类型

智联网企业应该如何设计商业模式？我们可以从智联网的三种类型中一窥端倪：

- 硬件与通信类企业；
- 应用与服务类企业；
- 智联网平台类企业。

### 2. MaaS

基于工业物联网，制造业通过工厂现场、企业IT系统、平台、用户和产品设备的互联，以“智能工厂”与“企业IT系统”为基础，实现企业的智能化生产、用户的个性化定制、企业之间的网络化协同和产品的服务化延伸等诸多新模式，将有效激发制造企业的创新活力，从而促进MaaS的落地。

**当一个智联网企业不仅追求卖产品给用户，还能在原有基础上不断提供各类附加服务，并不断产生新的服务内容和收入方式时，就是在从单纯的“制造”模式慢慢转变为“制造即服务”（MaaS）模式，逐步演化成为“万物运营商”。**

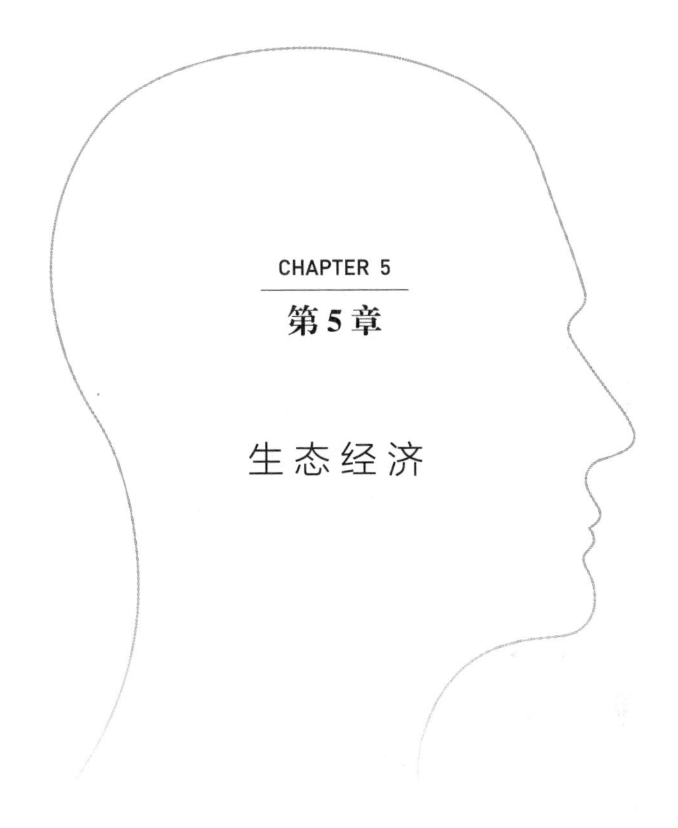

CHAPTER 5

# 第5章

# 生态经济

【问题清单】

- 生态系统业务模式与传统业务模式有什么区别?
- 智联网生态系统是如何建设的?
- 为什么生态思维这么重要?

## 5.1 万物智联生态已到来

由于生态系统与生态经济高度相关，所以这个概念已有被滥用的趋势。相比之下，德勤在2017年发布的《商业效能生态系统：提升商业效能的决策框架》报告中对"生态系统"下的新定义是比较清楚的："商业生态系统由多个（3个或以上）独立的组织/个人组成，这些组织/个人互相作用，追求共同的目标。"

企业的生存发展，不仅依靠客户数量，更多的是靠生态格局。生态系统是一个动态的过程，这一动态过程，对企业来说未必就是进化，甚至有可能导致倒退。例如，科技公司采纳开放式生态系统，可能对其业务发展大有裨益，但是，一旦参与生态，竞争模式和激励机制可能会使企业退化，甚至回到项目型系统模式。无论是成为生态系统的参与者或组织者，都意味着转型，同时也要面对风险和挑战，应当慎之又慎。

"生态系统"建设典型的做法就是试图经营全产业链。商业中生态系统以相互作用的企业或组织为基础，按照一个中心企业或者多个中心企业指引的方向发展自己。而作为中心企业，它们倾向于通过上下游布局，组成垂直整合，互相配套的企业生态合作伙伴集群，进而形成跨越全产业链的"生态圈"。例如，一家机械制造公司通过收购成为包括咨询、设计、产品、工程类业务的企业，各业务板块协同经营。其实，这种经营模式并不新鲜。《价值评估》中描述了20年前，深圳一家大型电子集团就是这样做的，通过并购，将玻壳、显像管和电视机以及电子销售公司整合到一个集团公司中，并称此举将创造出消费电子业垂直整合后的“全产业链经营”，将具有“最低”的综合经营成本和应对行业波动风险的能力。但从事后的经营状况来看，该公司并没有克服效率低下、长期平庸而滞胀的困境。

当一个新兴产业，或者传统产业由于新技术突破而可能改变行业发展方向时，即使企业本身的竞争优势再强大，仅靠一家企业也是难以把业务迅速做大的，这时就需要产业链中具有各种专长的企业通力合作才能做到。就连可口可乐这样的百年大型企业也需要借助各个灌装厂的力量，更别提普通企业了。

根据埃森哲的分析，传统业务模式正在向生态业务模式转变（见图5-1），未来每个行业都将形成万物智联生态。这种生态模式由以下四种因素共同作用。

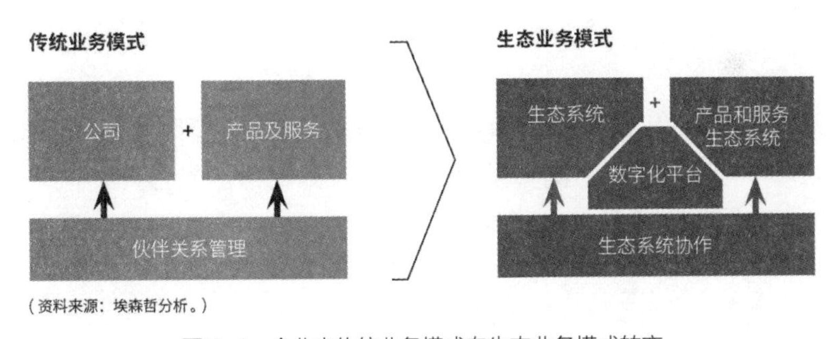


图5-1　企业由传统业务模式向生态业务模式转变

（1）竞争环境的转变：由基于企业或产品的竞争转变为基于生态系统的竞争。在基于生态系统的竞争中，企业借助云计算、API和数据聚合技术等，创造具备一定规模的数字化平台，为交付端到端解决方案和服务奠定基础。

（2）供应商管理模式的转变：由命令—管控模式转向协作模式。企业将和众多生态系统伙伴一起，创新和服务。

（3）所需能力的转变：从关注管理供应商的能力，转向使生态系统领导者和伙伴可以作为统一团队共同发展、共享资源和创造价值的新能力。

（4）企业沟通方式的转变：企业通过数字化平台互动与合作，数据成为重要资产。

在万物智联的生态系统中，更多组织将以产业互联网企业的形态存在，与消费互联网企业有着显著的区别，因为两者的核心力不同，发展的逻辑也不同。尽管互联网企业的国际化发展迅猛，但其缺乏传统企业运营中最重要的生产、制造和服务的能力和经验，这将成为互联网企业在智联网时代的最大短板之一。正如《数字生态论》一书的作者赵国栋提到的，不懂得传统产业的业务和生产过程，是无法在传统产业立足的。总之，在生态战略的布局之下，未来考验的不是企业单打独斗的能力，而是与整个生态的协同能力。将来的市场竞争，不再是企业之间的竞争，而是不同商业生态系统之间的竞争。

### 5.1.1 生态系统的建设是一场内外交替迭代之旅

传统企业到底应该如何构建自己的智联网生态？简单来讲，有两个生态需要构建：一是企业内部生态。二是企业外部生态。整个生态系统由小变大的助力，一方面来源于企业内部的管理生态，另一方面来源于企业外部的商业生态。

企业内部生态主要是指，企业要为新的商业体孵化企业内部的软环境，塑造新的团队，提供资源，提升管理意识，建立技术中台，业务中台和数据中台，这实际上就形成了企业内部二次创业的新平台。在这里“中台”的含义是指真正为“前台”而生的平台，它存在的唯一目的是更好地服务于“前台”的规模化创新，进而更好地响应服务引领用户，使企业真正做到自身能力与用户需求的持续对接。建设外部生态，可行的方法是找到符合自己商业模式规划的合作伙伴和生态体系。因为大多数企业在数据服务、金融服务、仓储、物流等领域，并没有能力完全由自己重塑或构造一个新的商业体。同时，智联网生态下企业和用户之间的关系将发生变化，原来是把产品做好推广给用户，现在是要让用户参与到创造产品的过程中，使用户成为企业内部一项重要的战略资源。企业与企业之间的关系也将发生变化，以前是竞争的关系，现在则是共同协作打造一个生态体系的关系。

那么传统行业如何利用新技术催生出新机遇？聪明的企业会以自身的核心技术为依托，以总体设计的兼具革命性的新产品或服务所提供的行业新机遇为愿景，吸引、联合产业链的各级伙伴，比如供应商、开发商、渠道商、用户甚至同行等，共同打造新的产业生态系统——开放、共生、共赢。与传统的竞争优势理论中对竞争对手压倒性的“零和游戏”不同，生态优势强调“合作共赢”。通过供应链的开放，形成互惠、共赢的利益共同体。值得注意的是，生态优势不再是“为我所有”，而是“为我所用”。

### 5.1.2 身先士卒的物联网：智联网生态之争

上一章我们谈到，智联网是由技术与需求合力推动构成的，是具有自身发展周期限制的螺旋式渐进领域，那么，物联网生态之争是企业在进入智联网生态之前的关键战役。

根据业界普遍共识，1991年由美国麻省理工学院的Kevin Ashton教授首次提出了物联网这一概念；2005年国际电信联盟（ITU）发布《ITU互联网报告2005：物联网》，引用了“物联网”的概念。2009年IBM提出“智慧地球”这一概念，美国将物联网与新能源列为振兴经济的两大重点。同时，物联网在国内得到广泛关注并逐步升温。在随后的发展历程中，物联网产业的迭代速度明显加快。未来几年，我们很有可能见证一批创立于2010年之后，围绕可穿戴设备、智能家居、消费端物联网平台进行布局的智联网初创企业陆续上市。2018年5月，小米正式向港交所提交了上市申请，成为整个科技圈中的要闻。

除了小米之外，欧瑞博、艾拉物联、博联等公司也在暗自酝酿着自己的IPO（Initial public offerings，首次公开募股）计划。

二级市场（买卖已发行证券的市场）对于这批物联网企业的估值，将直接影响着尚在“蹒跚学步”阶段的智联网初创企业的生存状态。当下的智能家居、工业物联网，以及低功耗广域网、物联网安全、AI芯片、边缘智能、工业大数据等领域，甚至即将到来的万物互联时代都有可能受到不同程度的影响。

早先相关业界人士对小米的估值为700 ~ 1000亿美元，雷军也曾说“总不至于550亿美元都不值”，没想到一语成谶。在小米的盈利模式尚未完全成型与验证之时，想达到1000亿美元市值，至少还需要2 ~ 3年。作为登陆国际资本市场的身先士卒者，小米的经历为我们合理判断物联网（IoT）智联网（AIoT）在消费端的发展现状以及二级市场的评判标准，建立了清晰的认知。

与小米的情况颇为不同，经由“绿色通道”快速上市的工业富联，在上市交易前，多家机构在测算其估值时，认为总市值有望达到6000亿元，上市后工业富联市值的确也曾一度高达5000亿元。但好景不长，在其上市3天后，股价开始一路下跌，从2018年6月13日的最高点每股26.36元下跌到了7月6日的每股17.23元，跌幅超过30%，市值下跌接近1600亿元。

通过对二级市场小米和工业富联的冷静观察，我们可以明显感受到，虽然二级市场有更多资源可以支持企业的长期发展，但也要求企业必须按照二级市场的规则和价值观行事。一方面硬套概念和密集炒作不一定是加分项，还有可能适得其反；另一方面，二级市场不会承担来自一级市场（发行市场）的估值压力，企业要用“真枪实弹”的事实数据合法合规地“过招”。

无论市场对于物联网企业的现有估值如何认定，物联网作为技术与需求双重驱动型赛道的本质不会改变，物联网为市场持续输出全新方法论的本质也不会改变。从行业发展的角度来看，无论是消费升级，还是制造业转型，都与物联网密不可分。

跳出“唯技术”的视角，物联网带来的更多是消费者或者制造业解决各种问题的深度和效率的改进。以制造业为例，根据官方数据，2010年美国制造业总产值仅仅比中国低0.4%，中国制造业从业人数约为1.1亿人，而美国制造业从业人数约为1150万人，约为中国的1/10。早在2010年，我国就已成为世界第一制造业大国。未来这一地位不会变化，但当国内劳动人口出现“刘易斯拐点”之后，制造业“大而不强”的问题必须要解决。

这一庞大的“存量”市场蕴含着巨大的“增量”机遇。工业机器人、工业云平台、两化融合技术以及各种垂直行业APP，都是为了更好地解决制造业现有的瓶颈问题，为提质增效服务。

从产业环节的角度来看，物联网的演进将带来方法论层面的变革。以目前炙手可热的芯片为例，原有通用性芯片的发展思路显然不能满足万物互联的需求。现有产能根本无法满足物联网的大量部署，同时，物联网芯片需要为不同场景的应用量身定制，即算法更优化、功耗与成本更低。

因此，物联网为下一代芯片的演进带来了全新的方法论，即根据不同场景研发不同垂直领域的芯片。与之相应的是，你将看到越来越多的物联网公司正在自行研发芯片，以满足智能家居、智能音箱、智能摄像头、自动驾驶汽车等特定场景的应用。

看到了中国在物联网领域的发展潜力与势头，知名市场研究机构IDC与GSMA均给予中国物联网市场正面评价。IDC发布《2018年上半年全球物联网支出指南》; GSMA发布《大中华区引领全球工业物联网发展与创新》研究报告。据IDC预测，到2022年全球物联网支出将达到1.2万亿美元，2017年至2022年复合年增长率（CAGR）将为13.6%。其中，中国物联网支出规模将达到3千亿美元，在全球的物联网市场中占比超过1/4，超越美国成为全球最大的物联网市场。GSMA预估，到2025年，全球工业物联网连接数将达到138亿，其中大中华地区的连接数约为41亿，约占全球市场的1/3。由于智联网是建立在互联网、大数据、AI、物联网等基础之上的，是具备智能连接万事万物的互联网。物联网是其重要根基，因此物联网的发展将对智联网起到关键推动作用。因此可以判断，此时布局物联网生态会在即将到来的智联网生态中占尽先机。首先，从产业基础设施升级的角度来看，当底层技术发展到一定阶段以后，全新的产业机遇会逐渐显现出来，当下触发这一变革的正是5G。各大运营商对于5G基础设施的布局已经启动，根据爱立信、GSMA等机构预测，自动驾驶汽车、无人机、制造业等仅仅是5G应用的开始，随着智能设备的全面推进，将彻底改变我们的生活。如果说此前的移动通信主要解决人与人之间的通信问题，随着5G的到来，大家将目标指向了万物互联，预计千亿量级的设备将接入5G网络。比如，5G的一个重要行业应用就是面向工业物联网（IIoT）的5G NR专用网URLLC。GSMA与GTI共同发布的《中国5G：典型行业应用》报告显示，国内三大运营商正在大规模地进行5G外场试验，满足工业应用需求首当其冲。据预测，到2025年中国将拥有4.3亿个5G连接，将占全球总量的1/3。2018年12月1日，韩国三大运营商同时宣布5G正式商用！《爱立信移动趋势报告》显示，从2017年至2023年，全球移动网络流量预计将增长8倍。流量的快速增长解耦了数据应用的可能性，这为依托大数据资源进行智能决策的物联网、人工智能、商业智能等应用，开辟了更多的用武之地。

其次，从人才流向的角度来看，来自智能手机企业、传统咨询公司、系统集成公司的人才正在涌入智联网领域。

根据Canalys发布的中国手机市场报告，2018年第1季度，中国智能手机出货量为9100万部，较上年同期下滑了21%。中国信通院的报告则显示，2018年第1季度，国内手机市场出货量为8737万部，同比下降26.1%。智能手机销量的下滑，导致大量拥有智能手机设计、加工与研发能力的人才转入物联网消费电子领域，他们凭借早期在手机端积累的各类资源和管理能力，在物联网消费产品端的发展可谓驾轻就熟。

面对制造业升级转型的需求，传统咨询公司、企业服务公司、系统集成商、设备制造商的大批人才逐渐进入工业物联网赛道，为整个行业带来了新鲜力量和专业知识，形成正向循环。

这些人才的入局将导致智联网企业的能力进一步分化。面向未来，我们更看好那些具备“一线一面”能力的企业，“一线”是指能够在垂直行业做深做透，具备产品形态和制造工艺的纵向技术壁垒；“一面”是指在垂直行业能力的基础上，具备生态视野和开放心胸，致力打造横向赋能的平台。可以判断，下一波的“BAT”一定会在智联网生态的某个隐性赛道诞生。

## 5.2 生态经济的核心：生态思维

智联网时代需要生态思维。在发展的过程中，物联网、大数据、AI已经建立的成熟生态可供借鉴。

2018年10月，腾讯成立的云与智慧产业事业群（Cloud and Smart Industries Group，CSIG），将推动相关产业的数字化升级。董事会主席马化腾表示，互联网的下半场属于产业互联网，在下半场中，腾讯的使命是成为各行各业最贴身的数字化助手。腾讯控股总裁刘炽平也同样认为，在接下来的10年，整个社会将从消费互联网迈向产业互联网。而腾讯所言的“产业互联网”与物联网从表述来看虽有所不同，但其本质与物联网并无二致，均是立足各行各业的数字化，推动产业的智能化升级。

2017年年底，华为确定的新愿景和使命是：“把数字世界带入每个人、每个家庭、每个组织，构建万物互联的智能世界。”在华为全连接大会上，华为轮值董事长徐直军描述了华为构建的未来AI世界——万物互联，智能无所不在。

2018年3月，阿里巴巴宣布将全面进军物联网，物联网是阿里巴巴集团继电商、金融、物流、云计算后新的主赛道。同年9月底，在以"驱动数字中国"为主题的第9届云栖大会上，阿里巴巴董事局主席马云在演讲中，从始至终以"新制造"为核心主题，多次强调了其重要性。

上述三个领军型企业仅是代表，它们各自的战略定位是物联网市场发展到一定阶段的必然选择。其实早在2013年，格力的董明珠和小米的雷军订立5年之约时，物联网平台已在智能家居、智能硬件等B2C（企业对消费者）领域酝酿和成型。虽然物联网平台起步于B2C，但通过实践验证，从现阶段来看，B2B（企业对企业）领域才是物联网平台更适合的土壤。

从博弈论的视角而言，对于大型公司，最佳的策略是跟随而不是领跑。刚出道的小公司往往选择冒险策略，因为这样它们才有机会。但是作为商界的巨头，它们会看竞争对手是谁，如果竞争对手和它们的实力几乎平分秋色，那么它们会采取跟随策略，通过稳扎稳打的方式击败竞争者。

但是目前的科技态势已经发生了变化，跟随策略不一定是最优的，从移动互联网、社交网络、云计算等领域的现有经验来看，领军企业往往会极大地压缩第二名和第三名的市场空间，慢人一步也许就意味着错过了整个时代。因此物联网平台之争逐渐升级为巨头之间的鏖战，围绕"云""管""边""端""用"全线布局，物联网似乎迎来了"瀛海威"时代，巨头们纷纷在"大雾"中领跑。

回顾1995年，不少人认为瀛海威就是互联网（见图5-2）。瀛海威的失误在于在互联网发展初期，基础设施百废待兴，瀛海威没有找准自己的边界，什么事情都想自己做，业务不聚焦，因此难以探索出合理的商业模式。其创办者张树新曾经反思说："网络服务供应商是信息产业高度细分的产物，电信基础设施是开放的，网络服务供应商没必要自己去盖房子，也不用自己去生产信息内容，只要去组织货源就可以了……如果一家企业什么都要靠自己去做，就更像一间作坊，而在作坊里是不可能形成产业的，更谈不上信息产业。”

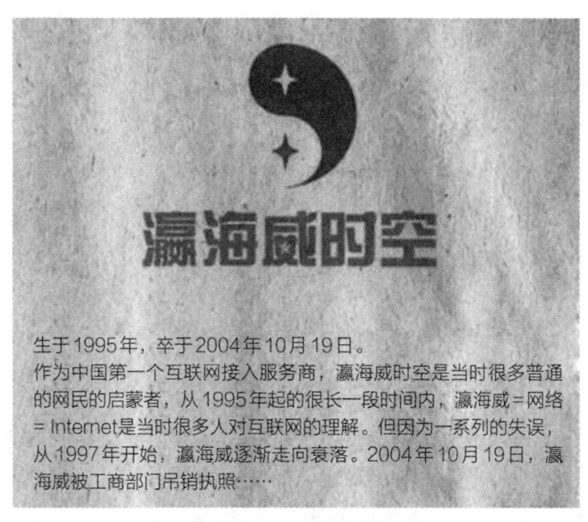


图5-2 “瀛海威”时代

由此看出什么都想自己做的“农耕”思维已不再适合这个时代。在智联网时代需要由“平台”思维进化到“生态”思维，这其中的差别主要来自心态。平台思维以平台本身为中心，需要建立一个圈，圈住一些人。生态思维以合作伙伴为中心，首先成就别人，其次通过持续运营成就行业，最后才轮到成就自己。因此，生态经济不仅需要对收益来源进行选择，还需要一种厚德载物的胸怀。

生态思维的转型过程中有两个关键点，一个是把对产业结构的看法从垂直的价值链变成互联互通的价值网络，注重协调多个合作伙伴的积极性，以利他、赋能为心态指导行为，做到协同合作；另一个是突破自身本位的看法，建立同理心，做制造的人不能只关心制造这个领域，还需要了解做物流的人怎么想、做零售的人怎么想、消费者怎么想、做售后服务的人怎么想，这样才能听得懂别人的诉求，关心他人的处境，做到共建共赢。

## 5.2.1 从价值链到价值网络

作为智能时代的关键点，智联网的价值体系正在发生重构，即从“价值链”演进为“价值网络”。

前面的章节中曾经提到过“商流”的重要性，有些智联网企业认为自己位于产业链上游，距离最终用户尚远，如果今后还持有这种观点，即便能战胜所有对手，也很有可能最终会输给这个时代。

华为软件首席战略规划专家宁宇曾经提到他多年前读过的一本书——《开放性成长：商业大趋势》，其中有一个观点是：商业大趋势是从价值链到价值网络。这正在逐步得到印证。图5-3表明，传统价值体系中的价值链正在转变为生态系统中的网络状价值创造形态。在生态系统的价值链中所有参与者都可以参与到全价值网络的竞争与合作中来，形成聚合产业力量的战略定位，以实现相关产业生态的共同成长。

传统价值体系的价值链

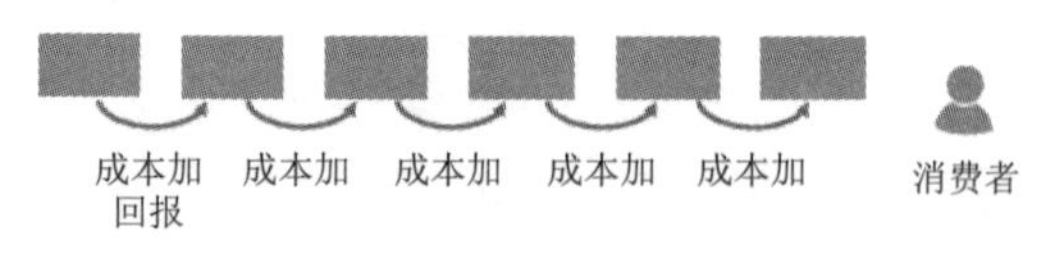


总体价值 = 总体成本 + 总体回报

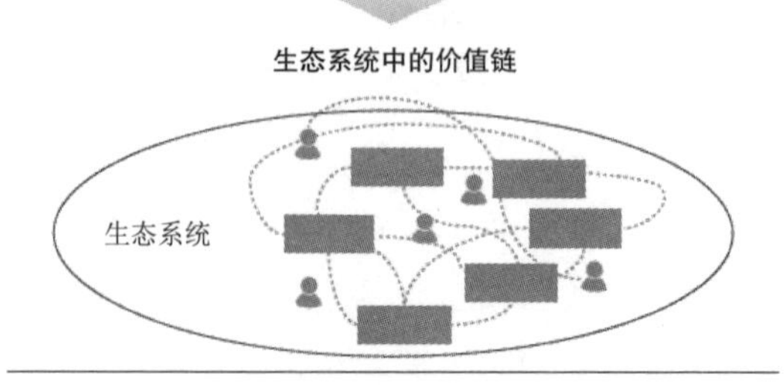


总体价值 = 付费参与生态系统的意愿

图5-3 传统价值链与生态价值链比较

传统意义上的价值链是一环扣一环的，产业上下游的边界分工清晰，技术标准明确，商业模式和合作关系稳定。但移动互联网的成功以及物联网的发展都在促使从业者打破传统，都想以客户为中心，离客户越近越好，产业链越短越好，而且技术的发展也为这种颠覆创造了条件。网络化的产业链如图5-4所示。

产业链的每个环节都有望成为整合别人的领军者，这样就可以围绕最终客户制定有利于自己的技术标准，这种竞争会打破原有的产业秩序，最终的结果可能是两种表现方式：在生产制造方面重建产业链；在商业模式方面呈现网络化。不仅有可能跳过中间环节与最终客户建立联系，而且可以为传统意义上其他的产业链提供产品。这种产业的网络化给各行各业的智联网应用带来了更大的想象和发展空间，也给合作方式的创新提供了条件。

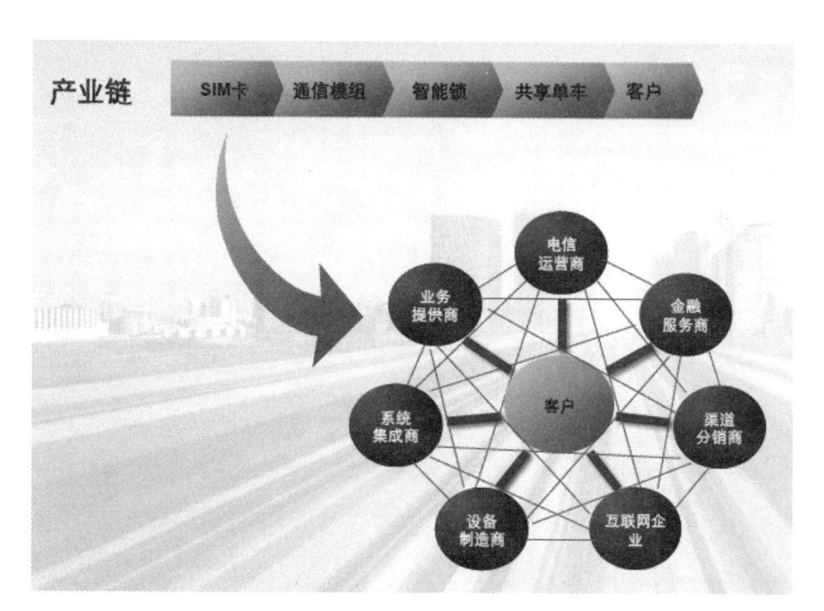


图5-4 网络化的产业链

在B2B的世界里，未来不一定只是简单的买卖关系，价值网络的各个单元都可能找到新的商机，在跨平台的碰撞中迸发出新的火花。

我们以汽车产业链为例，对传统汽车业价值链与新型汽车/移动生态系统价值链加以比较，如图5–5所示。

在传统的汽车业价值链中，其价值主要与汽车挂钩，并由原始设备制造商（OEM）控制。额外的价值包含在附属产品和服务中，包括供应商、经销商网络、轮胎和汽车维护服务商、加油站、汽车配件商店、保险公司等。价值的创造主要针对产品差异化和提供服务，例如，汽车真皮内饰和遮阳帘，以及安全等级和品牌独有性。

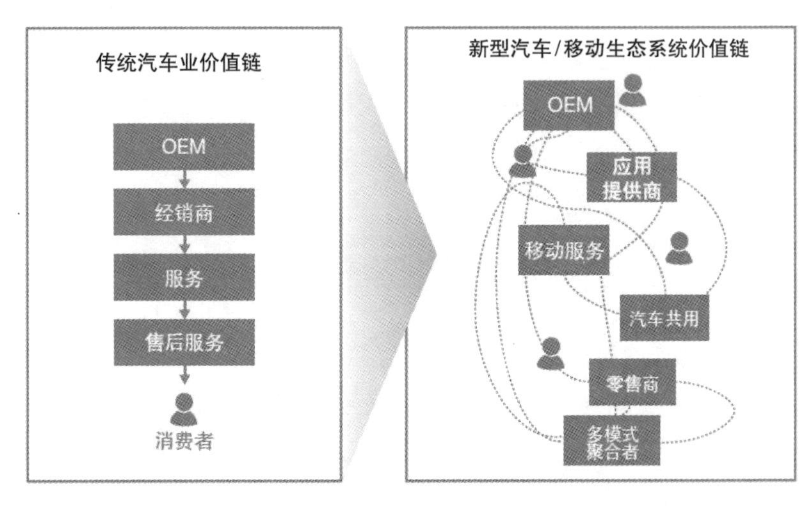


图5-5　传统汽车业价值链与新型汽车/移动生态系统价值链对比

在新型汽车/移动生态系统价值链中，其价值将与消费者从整个移动体验和相关服务中获得的效用挂钩，而不是来自作为交通工具的汽车本身固有的价值。价值的创造反映了整个客户体验的质量，消费者体验越好，创造的价值就越多。

汽车服务商提供的支持服务（如卫星广播SiriusXM）、远程服务（如On-Star）以及高速连接，改善了消费者的驾乘体验，为消费者提供了更大的便利性，消费者因此更愿意付费。产品的价值将从汽车制造商和经销商转向移动生态系统协调商，并且各类厂商都有机会参与到生态经济的角色中来。

### 5.2.2 突破本位、识局借势是另一个关键

进入2018年，很多行业已经感受到“水温在变”，曾经高速发展的手机、物流等行业逐渐显露出增长的疲态。缺少了人口红利的支撑，很多行业在未来的发展空间有限，“天花板”也变得显而易见，历史性转型的十字路口就摆在我们面前。

钱紧了，企业花钱更谨慎了。从现状来看，很多企业处于物联网到智联网，从物联网项目向智联网项目升级的过程中。只不过，留给物联网进行项目验证的时间已然不多，试错也许就意味着出局。2018年10月IDC与富士通联合在全球范围内的一份调研报告同样印证了这一趋势。这份调研报告显示，物联网已经开始成为企业项目的主流，简单实施物联网示范项目的阶段已经过去。

多数企业认为物联网已经跨越了小规模测试和市场培育阶段。虽然仍有少数企业怀疑物联网的商业价值，但大部分企业认为物联网已经脱离了新兴技术阶段，进入了成熟应用阶段，并且越来越多的企业对物联网项目的试错包容度明显下降。

超过七成的企业希望物联网项目在3年之内获得投资回报，部分企业希望物联网项目在1年之内产生收益。

由于物联网项目的复杂性，大多数企业最终通过物联网服务提供商或者系统集成商协助进行部署和实施。具备项目实施能力的物联网企业在整个生态中的地位非常关键，重要性甚至超越了传统巨头企业，因为这些企业充分了解产业所处的迭代周期，熟悉各个应用场景的用户痛点，懂得在阶跃和进化之间权衡，知道如何满足相似场景中的共性需求。未来属于实干者，尤其是具有长远眼光，懂得识局借势的实干者。

加入生态系统，还是孤军奋战？这个选择决定了企业能否在生态经济的大潮中乘风破浪。生态系统是由相互依赖的企业及其关系组成的复杂网络（见图5-6），旨在创造和分配业务价值。生态系统往往具有广泛性，可能涵盖多个地理区域和行业，包括公共组织、私营企业以及消费者。

生态系统由根据协调共同利益而形成的实体组成，
是以正式或非正式的方式为整个生态系统的共同利益创造更高价值的一组个体或机构。

图5-6　生态系统

IBM在2018年进行的一项对全球企业管理者的调研发现，业绩最出众的企业，其思考问题的角度与一般企业是截然不同的。成功企业的高管往往会更全面地参与生态系统建设。在认为生态系统有助于推动收入增长的受访企业中，业绩出众的企业要比其他企业多两倍。而且，只有当企业能够比传统经营方式更出色地实现业务目标时，参与生态系统才算有价值。

过去，我们将生态系统视为在某种形式的物理环境中共同运行的社群有机体，是一个交互和相互依存的系统。现在，由于价值链条变成了价值网络，在生态系统新时代，传统的市场架构将被打破，伙伴关系也将被重新定义。

仅凭一己之力就能够成功实现创新的企业越来越少了。在业务上，生态系统是为创造和分配业务价值而组成的互相依赖的企业及其之间关系的复杂网络。商业生态系统具有互相协作和能力倍增的特点。以自动驾驶汽车为例，由于系统极其复杂，因此传统汽车制造商、汽车零部件制造商、电子制造商和软件技术公司之间的合作就显得不可或缺。例如，自动驾驶汽车对新技术和新标准的要求导致新公司之间形成日益紧密的合作关系网。芯片制造商英伟达与8家不同的汽车制造商以及汽车零部件供应商（如博世）、互联网公司（如百度）合作，为自动驾驶汽车构建嵌入式计算机系统。

变革的开始最艰难，中途最混乱，而终点最美好。为了加入生态系统，企业更需要改变企业文化，更主动地求新求变。而且需要清楚地认识到，自己单枪匹马搞创新是很困难的，最终要借助生态系统的优势才可能成功。IBM商业价值研究院的调研表明，与其他类型的业务模式相比，生态模式能够实现更快地收入增长，利润也更高。生态经济中的价值可以直接或间接获取，比如通过交易直接获取价值，或者从合作伙伴那里间接获取。

### 5.2.3 生态经济中的重要角色

生态经济中包含服务提供方、技术提供方和基础设施或设备提供方三种重要角色，它们都具有独特的差异化优势。服务提供方负责统筹富有吸引力的客户体验和服务，技术提供方负责提供独特的开发与运维能力，基础设施或设备提供方更加不可或缺，它们提供的基础设施让物理世界的数字化设想成为现实。

**1. 服务提供方**

故障设备的维修服务可以通过服务提供方进行，同时，金融服务提供方也是智联网生态中不可小觑的一股力量，是生态经济不可或缺的参与者。因为营造生态繁荣的不仅仅是科技。曾经的故事你也许耳熟能详，汽车的普及和分期付款消费信贷的发明密不可分，正因为金融手段的创新，才使得数以百万计的美国中下层阶级也有可能去购买汽车。《投资美国之梦》一书中写道："没有信贷金融政策，汽车就不会那么快发展起来，也许永远也不会触及真正的大众市场。"

如今，金融更是走上了与科技融合的超级周期，互联网金融也是智联网发展的重要一环，金融服务提供方也正在逐步与智联网生态相融合。国内首家基于智联网的专业保险公司——久隆保险已于2016年开业。久隆使用智联网数据使风险的识别与定价更加准确，可以根据客户的风险特性为其定制保险产品与服务。埃森哲金融服务事业部董事总经理伊恩·韦伯斯特还提出了智联网银行的新模式。

**2. 技术提供方**

很多公司都开始着手建设自己的数据系统与平台，这时技术提供方为各种产品或平台的开发和运维提供有力支持，在生态中异常活跃。同时它们也为产品的整个生命周期制定了更为贴近场景的开发、升级、迁移、集成和维护策略。

**3. 基础设施或设备提供方**

越来越多的生产过程不再固定在某个一成不变的场合，它们正在适应灵活的组织生产的要求，具有足够的移动性，相应的物流程序，也必须满足动态而非静态的要求。智联网中的各种设备正在变得更加轻巧、更具有灵活性，但这并不影响设备提供方在生态中的重要地位，缺少了设备提供方的支持，整个生态就成了无本之木，无源之水。

在智联网时代，基础设施提供方的供应边际成本有可能会降至最低，从而发挥网络效应的威力。比如在Uber的车队里，增加一辆新车和一名司机的成本基本趋近于零。同样的道理，Airbnb也能以基本为零的成本找到下一个房源。即便是在传统高资本支出的行业里，设备提供方的参与方式也正在变得更加灵活。

### 5.2.4 开源生态也是生态

还有一种生态的力量不容小觑，即开源生态。一些原本只做底层基础设施的企业，大胆拥抱了开源的力量。Arif Khan在其发表的文章“技术寡头争霸传之：控制开源工具，就控制了整个生态”中明确提到，世界上只有两种企业：完全竞争的企业和垄断的企业。开源，正在成为大型科技公司在开发者脑海中确立霸主地位的另一种工具。

为什么“巨头”花费“巨资”开源？在物联网领域，技术路径的选择尤为关键。不仅要分析开源产品本身的易用性，还应分析开源工具背后主要支持者的实力，以及发布开源工具的动机。开发各种工具和软件的价格不菲，为什么大公司在为研发投入巨资之后，选择将其开源？

美国知名科技博主Joel曾经这样分析开源工具背后的经济学：

市场上的每个产品都存在替代品和互补品。比如鸡肉是牛肉的替代品，如果牛肉价格贵了，鸡肉的销量就会增加。剃刀和刀片是互补品，如果剃刀的价格便宜，刀片的销量就会增加。相似的道理，计算机硬件和操作系统是互补品，如果硬件的价格便宜，操作系统的销量就会增加。

也就是说，当一个产品的互补品降价的时候，该产品的需求就会增加。因此很多大公司会围绕自己的产品制定长期战略，其中一个产品的战略目标就是使它的互补品的价格尽可能低，这样就可以极大地激发该产品的销量。

我们举两个实际的例子进一步说明。

IBM在设计计算机的时候，在技术参考手册中，专门为部件接口撰写了详细的公开文档。为什么？这样计算机周边硬件的制造商就能轻松地加入计算机配件市场。计算机的互补品是各种配件，包括内存卡、硬驱、打印机等，配件的生态越丰富、价格越便宜，用户对IBM计算机的采购需求就会越多。

之后IBM遇到了棋高一着的微软，微软研发的Windows操作系统，其互补品恰恰是计算机。微软没有给IBM提供排他性授权，而是将Windows同时授权给上百个贴牌厂商。这些厂商合法地克隆IBM计算机，很快计算机不断降价，同时性能不断提高，相应地，对微软操作系统的需求自然就增加了。

### 5.2.5 "开源"改变的是商业模式

就像硬币一样凡事都有两面。如果你不选择使用开源工具，就有可能落后于整个智联网时代。如果你选择使用开源工具，当你享受免费使用的同时，你就不再是顾客，而是产品本身。

我们以前往往认为底层硬件公司缺乏对生态的控制力，而戴尔、博世和倍福的做法正在颠覆这一认知，它们的商业模式是"互补品"或称为"剃刀与刀片"模式的变种。

在智联网场景中，如果把剃刀比作免费提供的开源平台，那么刀片就是硬件设备。比如戴尔重度参与了开源PaaS云平台Cloud Foundry和开源边缘计算平台EdgeX Foundry，并持续推出面向软件定义环境、边缘计算和高性能计算的新型服务器。作为剃刀的Cloud Foundry和EdgeX Foundry越"锋利"，作为"刀片"的新型服务器销量越高。

## 5.3 生态经济应用案例

有了"生态思维"的企业，如何正确地运用生态经济产生实际价值呢？我们通过以下两个案例详细说明。

**1. 案例一：产业链生态——可口可乐秘方与灌装模式**

生态经济的鼻祖要数可口可乐。可口可乐最宝贵的资产是什么？是含有神秘配方的可乐糖浆，还是它覆盖全球的由灌装、渠道等形成的庞大体系？

# 第5章
## 生态经济

可口可乐覆盖全球的罐装与渠道体系，让可口可乐公司无论经济潮起潮落，始终保持超高的利润率。而这个灌装授权体系，完全是由可口可乐发明的。可口可乐的业务模式简单来说是这样的：可口可乐公司把糖浆卖给灌装公司，灌装厂制好饮料，再分销给各个渠道，最后到达消费者手中。可口可乐公司主要负责市场营销和品牌的维护，灌装公司负责生产和物流把消费者与可口可乐公司联系起来。

可口可乐前任总裁伍德拉夫有一句名言："每一个参与可口可乐业务的人都应该赚钱。"就是说那时候，他就明白可口可乐做的是"生态"，必须让这条生态链上的所有人，包括冷饮柜主、灌装商、批发商、零售商、广告商，甚至负责运输的卡车司机，都能挣到钱，可口可乐帝国才能发展壮大。当然这其中灌装商是最重要的合作伙伴。

这套灌装授权体系是怎么来的呢？

在很长一段时间里，经典的"一步裙"造型瓶子是可口可乐的专有标志。但你可能不知道，最开始可口可乐并不是装在瓶子里卖的，而是装在杯子里卖的。19世纪末，包括可口可乐在内的所有碳酸饮料，都是在街边小店的冷饮柜一杯一杯地售卖。客人来买，店主就拿出可乐糖浆，兑上一定量的苏打水和冰块，现做现卖。

1899年，两名年轻的美国律师看准可乐瓶装项目的巨大商机，说服可口可乐之父阿萨·坎德勒授权他们在全美范围内的灌装业务。1916年，为了和模仿者区分开来，在灌装厂的促成下，可口可乐独特的瓶身诞生了，成为当时为数不多的被美国专利局认证的瓶身。1920年末，瓶装可乐的销量首次超过了饮料机的可乐销量。1920—1930年，可口可乐公司开始国际扩张，在44个国家设立了灌装厂，从此一发不可收拾。

在可口可乐蓬勃发展的20世纪初，很大一部分广告营销工作是罐装商们自掏腰包做的。可以说，全美各地实力雄厚的罐装商，是推动可口可乐席卷全国的一股强大力量。在后来的全球扩张中，可口可乐更是有意借助了这种力量。可口可乐每到一处，就寻找当地最有权势的商人做自己的罐装商，这样一方面可以借助本地罐装商的资源和影响力快速打开市场；另一方面，一旦当地政府找可口可乐的麻烦，这些罐装商们自然会出面解决，根本不用可口可乐自己操心。

实际上，罐装商除了帮助可口可乐打开市场，还有另一个极为重要的作用，那就是帮助可口可乐承担市场风险。每当出现市场波动、经济衰退、政治动荡等因素，可口可乐公司会就调整它的糖浆产量，而那些本地的罐装厂则有可能陷入破产倒闭的泥潭。这就是为什么可口可乐一路走来，历经了“一战”“大萧条”“二战”“冷战”等重大历史动荡，它的超高盈利能力却几乎不受什么影响。

**2. 案例二：开源生态——博世、倍福**

借助开源有利于构建可以阻击竞争对手的（相对）优势，博世开源物联网平台相比专用物联网平台具有更好的生态基础。通过开源社群的互动，博世可以更好地与Red Hat、Sierra Wireless、Cloudera等生态伙伴合作，提供完整的解决方案。

除了物联网平台之外，博世在工业技术领域涉及很多实体设备和硬件技术，包括工业自动化、包装设备和太阳能技术。作为传动与控制技术领域的领军者，全资子公司博世力士乐为工业应用和工厂自动化、行走机械应用以及可再生能源提供解决方案。2018年年初，博世成立了互联工业事业部，原本分属于集团的工业技术业务，将在智能工业领域开拓对外业务。

德国倍福原本是一家生产工业电脑、现场总线模块和驱动产品的厂商。2003年，倍福公司通过成立EtherCAT技术协会，策略性地在某些层面开放了EtherCAT这种工业以太网技术，降低了其他企业的使用门槛，围绕EtherCAT构建的丰富生态，极大地提升了倍福产品的市场占有率。目前EtherCAT技术协会已有4500家会员企业，其中1/3来自亚洲，亚洲已成为EtherCAT发展最快的地区。倍福公司也顺势成为工业自动化领域生态建设的典型代表。

## 【本章总结】

正在崛起的新世界与我们熟知的世界大有不同，毕竟看不清楚的才是真正的未来。智联网的商业模式被验证的只有少数，包括生态经济在内的商业模式演进正在路上。未来正在被不断重新定义，智联网商业模式的悖论是企业如想延续优秀的业绩，就必须持续地变革。因为在新世界，冲上浪潮变得更加容易，但在一波一波浪潮中持续搏击就很难了。任何商业模式不只是“设计”出来的，更应是探索出来的，下一章我们将探索智联网商业模式中的E2E经济。

## 【精华提炼】

智联网整个生态系统由小变大的助力，一是来源于内部的企业管理生态，二是来源于外部的商业生态。传统企业到底应该如何构建自己的智联网生态？简单来讲，有两个生态需要构建：一是企业内部生态，二是企业外部生态。

### 1. 生态系统

未来每个行业都将形成万物智联的生态。根据埃森哲的分析，有4种因素共同作用促进传统业务模式向生态业务模式转变，即：

- 竞争环境的转变；
- 供应商管理模式的转变；
- 所需能力的转变；
- 企业沟通方式的转变。

生态系统包含三种重要角色，即服务提供方、技术提供方与基础设施或设备提供方。其中，服务提供方负责统筹富有吸引力的客户体验和服务；技术提供方负责提供独特的开发与运维能力；设备提供方更加不可或缺，它们提供的基础设施使物理世界的数字化设想成为现实。

### 2. 生态思维

生态思维的转型过程中有两个关键点，一个关键点是把对产业结构的看法，从垂直的价值链变成互联互通的价值网络，同时注重协调多个合作伙伴的积极性，以利他、赋能的心态指导行为，做到协同合作。

另一个关键点是突破个人本位的看法，建立同理心。如从事制造的人不能只考虑制造这个领域，还需要了解做物流的人怎么想、做零售的人怎么想、消费者怎么想、做售后服务的人怎么想，这样才能听得懂别人的诉求，关心他人的处境，做到共建共赢。

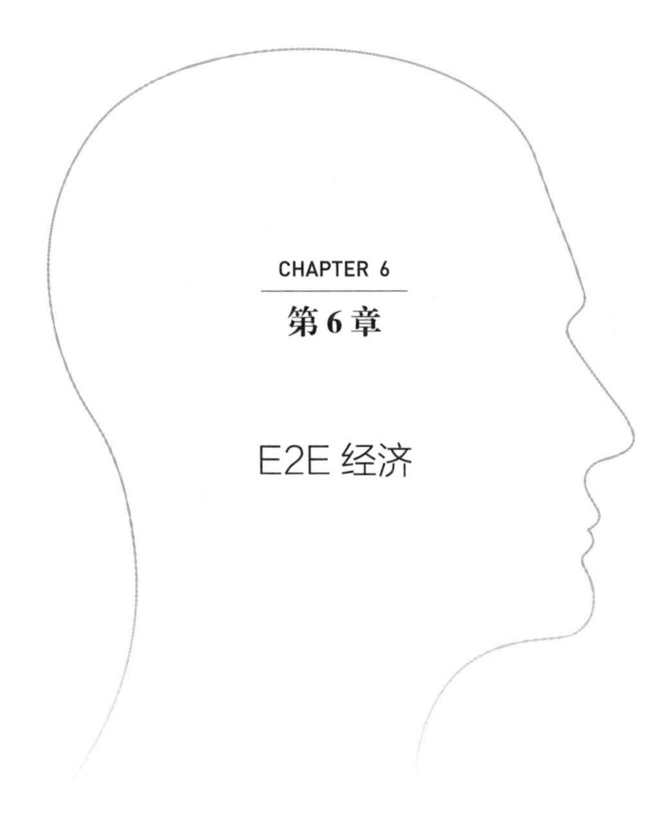

CHAPTER 6

# 第6章

# E2E 经济

**【问题清单】**

- 你认为个体中心经济的呈现方式是什么样的？
- E2E 经济对数据有什么不同的要求？
- 工业区块链将如何促进 E2E 经济的发展？
- 你能从 E2E 经济应用案例中得到什么启发？

## 6.1 从企业中心经济到个体中心经济

智联网推动下的产业变革就像疾驰的列车一样高速前进，促使市场发生深刻的转变。我们对产品的需求重点已从“普遍盈余”转移到“局部稀缺”，企业为中心的时代即将成为历史，产品制造商和服务供应商主导的生产和市场已转移到个体方面，即以企业为中心的经济将转向个体对个体（Everyone to Everyone，E2E）的经济。

E2E 是从“我”到“我们”的根本性心态转变。过去，企业的做法是先推出产品和服务，然后再向客户宣传这些产品和服务的价值。而现在，消费者可以更方便地参与到整个价值链的活动中，与企业的合作越来越多，包括共同设计、共同创造、共同生产和共同营销等。消费者和企业越来越多地联手，在透明和信任的环境中创造价值。

以个体为中心的经济时代即将到来。最新的数字技术促成了前所未有的连接能力，因此，整个世界都在围绕以消费者为中心的理念而投资。新技术使得价值链更加透明，并且更容易分解。这对于价值的创造和分配将产生深远的影响。

同时，消费者对于个人数据的资产意识越来越强，在一个万物互联的时代，每个人每时每刻都在产生数据，越来越多的数据被采集，并应用于大数据分析、人工智能的训练等领域，这不仅模糊了个人隐私的边界，也令数据成为一种资源，引发各方的争夺。企业虽然掌握一定的数据，但数据的实际拥有权掌握在企业的用户手中。由于数据是网络世界的贵重资产，如果可以让数据高速有效地流通起来，不论是对企业，还是对个体来说，都是更高层次的价值提升。

“未来最大的能源不是石油而是数据。”从2015年马云做出如此表述开始，数据不断被喻为未来的“石油”。然而，数据能够担当这样的重任吗？与石油相比，数据是完全不同形态的资源，其“萃取、提炼和估价”的方式截然不同，交易的方式更不相同。数据将改变一些市场规则，需要管理者制定新的规则进行治理，很多冲突也会像石油引发的博弈一样，围绕着“谁该拥有数据”，以及“谁有权利从数据中获益”展开。截至目前，数据所有权归属及交易、流通和定价机制在全球范围内都只处于起步阶段。

E2E经济带来的转变让很多企业自身成为开放的创业孵化平台，通过推进人人创客，为员工以及社会上的创业者提供创业机会与平台。海尔就是其中的典型代表，通过创客，海尔已经孵化出2000多个创客。员工从被雇佣者、执行者转变成为创业者、合伙人，每个创客都直接面对用户，为用户创造价值。由传统串联的组织包括生产、制造、物流、采购等供应链环节变成了共同面向用户的一个个创客。这些创客能够主动创新，吸引用户全流程参与产品创新过程，这一转变成为互联工厂探索的前提。

人人自造的推进，使得生产线本身也在发生着变化。做个比喻，过去的生产线好比自助餐厅，每个厨师都在做菜，菜品源源不断地产生，顾客也络绎不绝。到底哪个厨师做的菜好吃，并不需要精细颗粒度的数据分析。反正自助餐厅的整体销路好，菜品是否好吃，卖得多还是少大家都能分到一杯羹。由于数据颗粒度太粗，导致自助餐厅既不知道顾客是被哪盘菜所吸引，也不会因为某盘菜卖得好，给厨师奖励。自助餐厅的厨师也就没什么厨艺精进的意愿，毕竟做好做差一个样，菜品日趋平庸是必然现象。

但现在，顾客口味要求变高了，个性化需求更强了，自助餐厅的模式变得很难生存。这时就需要分析每个厨师的表现，提高每个厨师的厨艺。具体到制造业，就变成需要追踪每一批次的产品，甚至追踪到每一件独立的产品，比如生产出的一瓶水、一包烟、一只笔等这样的颗粒度，以及了解每条生产线、每个工段，甚至每台设备在各种工况下的具体情况。

智联网与数据颗粒度变细这一趋势是高度相关的。首先是设备联网，通过数据采集的精细化和全面性，覆盖工业过程中的各类变化条件，保证提取出反映对象真实状态的全面性信息。其次，仅仅做到数据联网还不够，还需要进一步掌握数据背后的物理意义，以及特征之间关联性的机理逻辑，将数据分析与决策、管理、激励挂钩。

当制造环节的数据颗粒度变细之后，我们有机会顺其脉络，推进向产品销售端的改造。《互联网生态》一书中提到，以往企业获得的销售数据都是单次、局部、缺乏联系的。在分析之后常常带来两种尴尬局面：重复已知结论或制造无用信息。由于数据不精准，对企业而言用户只能是一个面目模糊的整体名词。诚然，某一品牌吸引到的用户肯定有相当多的共性，然而具体到他们各自不同的需求、购买和使用场景，这些人唯一的共性可能只是买了你的产品。这种循环论证并不能帮助企业为用户提供更好的产品与服务。

只有将用户定义为单个的个体，才有可能提供精准的场景营销。一对一沟通，高度定制化的产品与服务，最大限度简化用户获取需求的渠道，这些都需要数据驱动。用户数据的重复更新让基于场景触发的优化有了更进一步的可能。

今后的趋势主要是围绕用户，把看似无关的应用与用户所处的实际情境相连接，提供贴合用户体验的场景应用。依据用户的碎片时间整合各类产品、服务。根据不同目标群体的特性分类管理，对市场进行有针对性的场景设定，由此获得广泛推广和精准传播，让用户有机会获得最佳体验。

## 6.2 E2E经济的催化剂：工业区块链

区块链的发展为我们呈现了一种进行数据确权的方案，应用密码学的成果，避免了重复支付和交易。区块链实现数据确权后，用户就可以在交易中增加自己的信用值，进一步实现交易和投资合二为一，消费的同时也是投资，也就是形成了区块链的链式反应。

当下正值区块链的寒冬，那些幻想一夜暴富的人，那些盲目跟风缺少独立判断的人已经离场，物链网的发展从来不是靠他们。我们不妨冷静地分析，区块链能够为智联网创造哪些真正的价值？物链网，由笔者在《智联网：未来的未来》一书中率先提出，它是物联网和区块链的天作之合。浮躁退去，物链网的未来发展之路更加清晰。在你的未来规划中，将如何对待物链网？与之隔绝、继续观望，还是初步尝试？

钱钟书在《围城》中说，天下只有两种人，悲观的人和乐观的人。悲观的人总是容易正确，而最后，乐观的人最容易成功。事先考虑，是“悲观的人”正确的原因；敢于实践，是“乐观的人”成功的原因。

2018年7月，工信部部长苗圩在署名文章中表示，区块链等领域已显现出革命性突破的先兆，并批示应当加速工业与区块链的融合。2018年底工业界对于区块链的看法开始发生转变，越来越多的公司意识到区块链不仅与金融相关，还与工业相关；区块链不是破坏者而是推动者。市场研究机构在全球范围内的调研也印证了这一趋势。据报道，35%的英国企业正在试用或已经使用区块链，以获得更高的行业透明度和更好的数据安全性。IBM访谈了世界各地的汽车制造商，95%的受访者计划在未来3年内投资布局区块链。

顺势而为，乐观的人已经开始行动，作为物链网的重要组成部分，一批工业区块链的应用实践进入“破茧而出”前的默默成长期，无声无息而又充满活力。这批率先行动的人群之一，恰恰聚集在与区块链看似最不可能发生“关系”的工业领域。你也许会问，工业领域与区块链有哪些结合点？工业物联网与区块链在技术层面将如何结合？

在这个指数变化的世界里，风险优于安全，工具优于平台。在这里我送你两幅“地图”：工业区块链应用图谱（见图6-1）与工业区块链技术栈全景图（见图6-2），帮助你更好地看清工业区块链的未来。

1. 工业区块链应用图谱

图6-1 工业区块链应用图谱

物数科技联合创始人兼首席技术官黄胜博士结合自身实践，认为工业区块链应用图谱包含四方面内容，即工业安全、工业制造效率、服务型制造升级，以及数据共享及柔性监管。

先从**工业安全**说起。

对于工业设备和产品来说，会涉及制造方、使用方、运营方、租赁方、维护方等诸多方面，在使用和操作的过程中，就需要共识机制控制设备的访问权限。在设备身份管理的过程中，需要解决如何自证“我是我”的问题，也就是让设备和产品证明自己的身份。复杂设备可以通过内置智能芯片解决这个问题，简单的设备或者产品一般通过外部标识技术进行识别，那么就会存在防伪溯源的问题。区块链可以解决溯源，但是解决不了防伪，因此在实际应用过程中，需要将行业紧密绑定的“黑科技”与区块链技术相结合。

例如，中国中化集团解决油品防伪的方案，可以说让大家脑洞大开。中化能源科技有限公司首席科学家朱永春博士谈到，他们的研究人员研发了一种可以从分子层面分析油品成分的特殊添加剂，并将化工技术与物联网技术相结合，通过分析添加剂的浓度和状态，实现油品防伪。油品进行防伪溯源以后，集团将外贸运输信息应用于区块链，实现全球首单有政府部门参与的能源出口区块链应用试点，进一步加速了油品的跨境流转过程。

在非洲，IBM与当地企业Hello Tractor合作，利用物链网完成设备管理与设备使用收费，使得当地农民可以按需访问拖拉机服务。简单地说，IBM提供的物链网服务聚合了拖拉机制造商、经销商、农民、银行和政府等多种角色，通过分析拖拉机的使用请求，将拖拉机与操作员配对，跟踪每台拖拉机在现场使用中的小时数，自动进行结算。

在**工业制造效率**中，区块链可以增加数据在多方之间分享的透明度和可追溯性，从而间接提高工业效率。比如一台工业设备会产生大量数据，很多数据与维护、维修和运营（MRO）紧密相关，区块链可以确保采集到的相关数据不可篡改，并可被溯源。以这些核心数据作为基础，区块链可以提升供应链的可视化程度，以及运输、生产中需要多方协作时的工作效率。

前面讲到的中国中化集团在跨境贸易的过程中会涉及五方签约的场景，这个场景的复杂度远超一般企业的想象。虽然理想上我们都希望“没有中间商赚差价”，但在现实操作中往往无法规避。所以中国中化集团尝试将跨境贸易各关键环节的核心单据进行数字化，应用区块链全程记录贸易流程中的合同签订、货款汇兑、提单流转、海关监管等交易信息。相比传统方式，应用区块链能整体提高50%以上的时间效率，降低30%以上的融资成本。

在**服务型制造升级**中，供应链金融和融资租赁是很重要的应用方向。供应链金融的本质是去掉金融，回归供应链，主要涉及四种企业，即物流企业、贸易企业、制造企业和银行，在交易结构的设计中需要满足自偿性、垂直性和闭合性。有些初创企业尝试帮助各类产品远销海外的制造商实现订单融资，它们通过区块链追踪订单的真实性，并且借助由保险公司提供的出口订单保险产品，覆盖风险敞口，从而推进供应链金融的落地。

二手交易和工业品回收也是典型的工业区块链应用场景。举一个实际发生的案例，某工业品在国内的回收率仅为40%，而发达国家可以做到近100%。这种工业品如果被非正规厂商回收，具有一定的污染风险，同时政府也希望对这种产品进行全国范围内的监管。从这种工业品的生产到回收，大致会经过8个环节，包含正向销售物流和反向回收物流，形成了物流的闭环。区块链在这个过程中增加了工业品流通的可视化，可以保护相关参与方的隐私性。在工业品交易的过程中，使用区块链可以做到用账本记录利润，不牵扯实际的现金流，大大降低现金的流通成本。

在**数据共享及柔性监管**中，充满了想象空间。工业产品的设计者、工艺知识的拥有者和机理模型的研究机构，或许也可以尝试共享经济，通过区块链技术保护自身利益，更好地提供创意与智力服务。在这个过程中，政府也可以更好地参与到柔性监管中。

### 2. 工业区块链技术栈全景图

工业物联网的边缘层、基础设施即服务（IaaS）层、工业平台即服务（PaaS）层和工业APP等层级，都可以与区块链技术相融合。

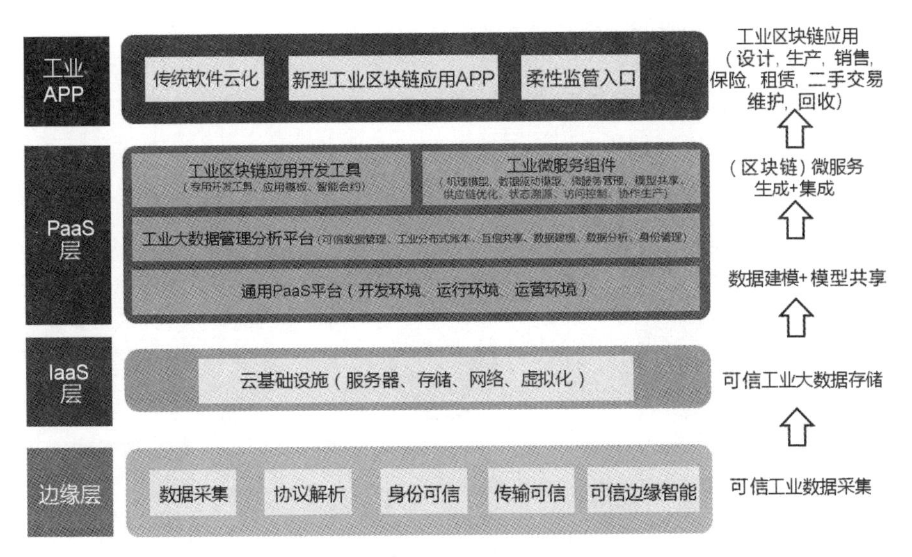


图6-2　工业区块链技术栈全景图

边缘层可以做到身份可信、传输可信，增强工业数据采集的不可篡改性。IaaS层可以提供可信的工业大数据存储。PaaS层可以提供工业区块链应用开发工具和工业微服务组件。当前存在的普遍问题是懂区块链技术的人不懂工业，懂工业的人又很少同时懂区块链技术。而更简便的工业互联网开发工具，甚至物链网开发工具，是扭转这一局面的绝佳选项。有了边缘层、IaaS层和PaaS层的支撑，图6-1中涉及的应用场景才能更好地落地。

由于工业区块链的应用涉及产品流、价值流和资产流等方面，根据物联网（IoT）与区块链相结合的实践方案，又可划分为以下三种情况（见图6-3）。

（1）以IoT为主，如图6-3（a）所示。大部分的工业数据通过IoT相互通信，只有少量数据存储在区块链中，设备与设备之间的信息交互并不适用区块链。对于时间比较敏感的应用场景，往往最先选择这种方法。

（2）以区块链为主，如图6-3（b）所示。所有数据交互都通过区块链进行，从而形成不可篡改的交易记录。这种方法可以确保所有的交易都是可以追溯的，但可能存在时间延迟和带宽负担的问题。

（3）IoT与区块链深度融合，如图6-3（c）所示。这是一种混合设计方法，部分数据在区块链中交互，其余数据则直接在IoT设备间完成通信。这种方法的挑战之一是需要确定哪些数据应该通过区块链追溯，哪些数据可以在区块链下交换。如果设计得好，这种方法可以兼顾区块链和IoT各自的优势。

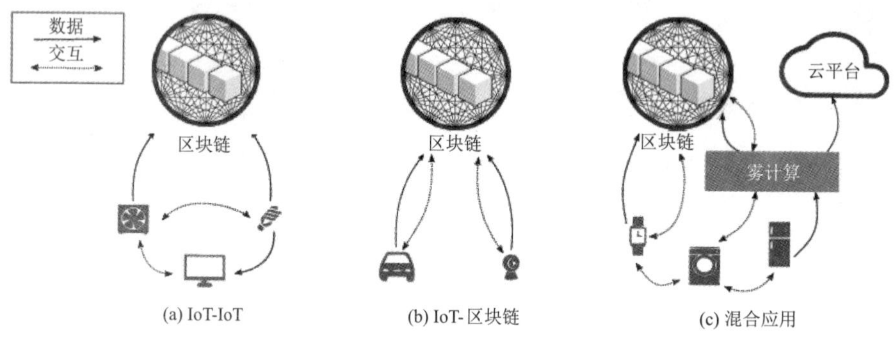


图6-3 IoT与区块链结合的三种情况

目前在工业区块链场景中，普遍使用的区块链技术包括超级账本（Hyperledger）、IOTA、R3 Corda和企业以太坊（EEA）。

超级账本（Hyperledger）：是由Linux基金会发起的推进区块链数字技术和交易验证的开源项目，其目标是让成员共同合作，共建开放平台，满足来自多个不同行业的用户需求，并简化业务流程。超级账本旗下有多个区块链平台项目，包括IBM贡献的Fabric项目，Intel贡献的Sawtooth项目，以及Iroha、Burrow、Indy等。

IOTA：IOTA技术的目标是给物联网应用赋能，可以让机器之间直接进行交易，尤其是解决小额交易的问题。

R3 Corda：是由R3区块链联盟推出的一款分布式账本平台，它是一种具有节点间最小信任机制的无中心数据库技术，允许创建一个全球的分布式账本。Corda借鉴了区块链的部分特性，但它在本质上又不同于区块链，并非所有人都可以使用这种平台，其面向的是银行间或银行与其商业用户之间的互操作场景。

企业以太坊（EEA）：针对以太坊还不能满足企业开发联盟区块链应用的需求，很多企业各自基于以太坊技术进行了应用探索和技术改进。企业以太坊（EEA）以提高以太坊区块链的隐私、保密性、可扩展性和安全性为重点，使得以太坊能够满足企业级应用需求，另外还将探索跨越公共以太坊网络以及行业特定应用层的混合架构，从而繁荣整个以太坊的生态系统。

## 6.3 E2E经济应用案例

在物链网、数字变革的推动下，很容易看到未来不远处的智联网时代，E2E经济模式将倒逼企业转变服务流程，产品及服务销售的过程已不再是以往从工厂到个人的单行道。通过以下几个案例，我们将会对E2E经济有更深的理解。

### 1. 案例一：区块链催化E2E经济——Slock.it

区块链的落地尝试有助于将更多看得见摸得着的“实体”，甚至看得见摸不着的“数据”，引入E2E经济的范畴。比如Slock.it正致力于将区块链技术应用到智联网领域。这家位于德国的公司已经开发了一款遵守以太坊合约的实体智能锁，这种智能锁的所有权和控制权在区块链上进行管理。想要解锁自行车或者公寓门吗？你需要通过区块链付款。通过这套体系，房东可以通过P2P（个体对个体）区块链支付，把空置的房屋利用起来。Slock.it将此称为“原子化共享经济”，它的愿景是人们在几个小时内就可以将自己的任何东西，不局限于电钻、割草机、汽车等，租赁出去并得到租金。因此Slock.it致力于创建共享经济基础设施，让每个人都能租借任何兼容的智能设备，并且没有中间商赚差价。

**2. 案例二：数字化推动E2E经济——爱彼迎**

爱彼迎（Airbnb）算得上是E2E经济的典型代表，它是一家帮助旅游人士订房和房主出租房子的服务型网站，它可以为用户提供多种多样的住宿信息。爱彼迎并不是以某一个用户为中心，而是通过一个技术平台，动态地在旅游人士和出租房主之间建立“个体对个体”的自助式点到点连接。可以看出，E2E经济是数字化平台高度发展的产物。随着社交媒体的爆炸式发展、移动设备和移动互联网的全面普及以及数据分析技术的高度成熟，有可能创造出更多类似爱彼迎这样的共享自动化交易平台。

**3. 案例三：协同与联接、透明和信任——Kiva.org**

Kiva.org是一家总部位于美国旧金山的小额信贷非盈利组织，它从个人获取资金，再转借给第三方的企业家。Kiva是一个斯瓦希里语单词，意为“团结一致、协同一致”。Kiva从2005年3月份开始经营贷款业务至今，一直坚守其名字的含义，秉持“协同与连接、透明和信任”的原则，通过近百万名放款人组成的在线社区，已向超过70个国家和地区的数十万人发放了超过2.5亿美元的贷款。Kiva之所以发展得如此迅速，除在线社区人员的协同之外，其与各种组织之间建立了合伙关系，共同营销、联手发展以降低各项营业成本，包括小额贷款协会（Microfinance Institutions，MFI）、PayPal、YouTube、联想等。

贷款者主要面临三大风险，即信用风险、宏观风险和操作风险。作为一个面向全球的非盈利性小额信贷组织，Kiva是如何运营的呢？答案就是Kiva的运营充分调用了每一个参与者的“参与感”，使得信贷的参与方彼此之间信息透明、互相信任，把E2E经济发挥得淋漓尽致。在问到Kiva在线社区中的借贷者为何具有如此之高的信任度时，Kiva的创始人之一Matt认为，首先Kiva的非盈利机构性质所获得的信任度是其他以盈利为目的平台难以获得的，并且给使用者带来了极高的信誉度和品牌效果。其次，Kiva在线社区中的参与者是一种共赢的“合伙人”心态，用Matt的话来讲，当你从发展中国家的一位企业家手中收到偿还的带利息的贷款时，你能从中了解到：在这个世界上，你有了一个合伙人，你给对方带来了影响、促成了变化。

## 【本章总结】

在物与物、人与人、人与物互相连接形成的万物互联社会中，始终没有改变的核心仍然是“人”。正如微信公众平台所诠释的那样“再小的个体，也有自己的品牌”，不要因为走的太远而忘记了因何出发，所以E2E经济将会是企业与个体在智能社会的终极模式。

## 【精华提炼】

E2E是从“我”到“我们”的根本性心态的转变。过去，企业一直是推出产品和服务，然后向用户宣传这些产品和服务的价值。而现在，用户更深地参与到整个价值链的活动中，与企业的合作越来越多，包括共同设计、共同创造、共同生产和共同营销等。用户和企业越来越多地联手，在透明和信任环境中创造价值。

### 工业区块链

当下正值区块链的寒冬，那些幻想一夜暴富的人，那些盲目跟风缺少独立判断的人已经离场，物链网的发展从来不是靠他们。作为物链网的重要组成部分，一批工业区块链的应用实践进入“破茧而出”前的默默成长期，无声无息而又充满活力。

# 致 谢

本书的写作过程就是各种思维不断碰撞的过程，充满了意外和欣喜。智联网与高科技密切相关，推进智联网发展的不仅有数字、冰冷的机器，还有一个个有趣的思想和灵魂。因此对我来说最重要的就是表达对这些思想者、朋友们的感谢。

感谢每一位曾给予我无私帮助的朋友，他们优秀、高效、善良，并且充满智慧。在本书的编写过程中他们不仅毫无保留地分享信息和观点，提供各种素材，还为推进智联网的发展付出了更多的真情实感。他们像“超人”一样，正在将智联网的“赛博坦”变为现实。他们是：

丁险峰，阿里云首席智联网科学家

管震，微软资深战略技术顾问

蒋明，红茶移动联合创始人兼CTO

李恒，西门子公司MindSphere产品顾问

时培昕，寄云科技创始人兼CEO

史扬，华为集团标准与产业部首席产业规划专家

宋华振，贝加莱中国市场部经理

陶建辉，涛思数据创始人

赵敏，走向智能研究院执行院长

郑宇铭，“智造商”创始人

感谢电子工业出版社的首席策划编辑李洁，在稿件的编辑过程中，通过她的指导，以及不辞辛劳地校对和修改，才让这本书得以顺利付梓。

最后，由衷地感谢造就我的两组家人。

感谢物联网智库的赵小飞、王苏静、刘敏、徐小威、董彬、郑钟伟和众小伙伴，他们对工作尽善尽美的要求，对朋友真心诚挚的友谊，让我们共事的过程变成了一种享受。

感谢我的家人，带给我生命并为我的生命带来欢声笑语，他们付出的爱、支持和间歇式捣蛋，激励我一路向前。

彭　昭

2019年7月于北京

# 参考文献

[1] 李杰，邱伯华，刘宗长，等. CPS新一代工业智能[M]. 上海：上海交通大学出版社，2017.

[2] 李杰. 工业大数据：工业4.0时代的工业转型与价值创造[M]. 北京：机械工业出版社，2015.

[3] 吴军. 浪潮之巅（第三版，上下册）[M]. 北京：人民邮电出版社，2016.

[4] 彭昭. 智联网：未来的未来[M]. 北京：电子工业出版社，2018.

[5] 吕云翔，李沛伦. IT简史[M]. 北京：清华大学出版社，2016.

[6] 迈克尔·曼德尔. 即将到来的互联网大萧条[M]. 译者不详. 北京：光明日报出版社，2001.

[7] 伯纳多 A. 胡伯曼. 万维网的定律：透视网络信息生态中的模式与机制[M]. 李晓明，译. 北京：北京大学出版社，2009.

[8] 冯·贝塔朗菲. 一般系统论：基础、发展和应用[M]. 林康义，魏宏森，译. 北京：清华大学出版社，1987.

[9] 默舍·尤德考斯基. 雪崩效应[M]. 闾佳，译. 北京：中国人民大学出版社，2008.

[10] Richard Baldwin. THE GREAT CONVERGENCE, Information Technology and the New Globalization [M]. The Belknap Press of Harvard University Press, 2016.

[11] 鲍尔斯. 哈姆雷特的黑莓：走出拥挤的数字房间[M]. 陈盟，译. 北京：中信出版社，2011.

[12] Angelika Musil, Juergen Musil, Danny Weyns, etc. Patterns for Self-Adaptation in Cyber-Physical Systems [M]. Springer International Publishing AG, 2017.

[13] Francisco Javier Acosta Padilla. Self-adaptation for Internet of things applications [J]. Software Engineering. Universit é Rennes, 2016.

[14] Leitão, Paulo, Colombo, Armando W, Karnouskos, Stamatis. Industrial automation based on cyber-physical systems technologies: Prototype implementations and challenges [J]. Computers in Industry, 2016.

[15] Jože Tavčar , Imre Horváth. A review of design principles for smart cyber-physical systems for run-time adaptation: Learned lessons and open issues [J]. IEEE Transactions on Systems Man & Cybernetics Systems, 2018.

[16] Imre Horvath, Zoltan Rusak, Yongzhe Li-Asme. Order beyond chaos: introducing the notion of generation to characterize the continuously evolving implementation of cyber-physical systems[J]. International Design Engineering Technical Conferences & Computers & Information in Engineering Conference, 2017.

[17] Emna Mezghani, Ernesto Exposito, Khalil Drira. A Methodology Based on Model-Driven Engineering for IoT Application Development [J]. IEEE Transactions on Emerging Topics in Computational Intelligence, 2017.